Ravensburger Freizeit-Taschenbücher Band 18

Terry Maloney

Astronomie

Den Himmel erkunden – und was man dazu braucht

Übersetzt und bearbeitet von Udo Tschimmel

Otto Maier Verlag Ravensburg

Deutsche Erstausgabe
Die englische Originalausgabe erschien
unter dem Titel „Astronomy“ bei
Macdonald Educational Ltd.

Aus dem Englischen übertragen
von Udo Tschimmel

Satz: Philipp Hümmer KG,
Waldbüttelbrunn
Gesamtherstellung: Appl, Wemding
Printed in Germany

82 81 5 4 3 2

ISBN 3-473-43018-8

Inhalt

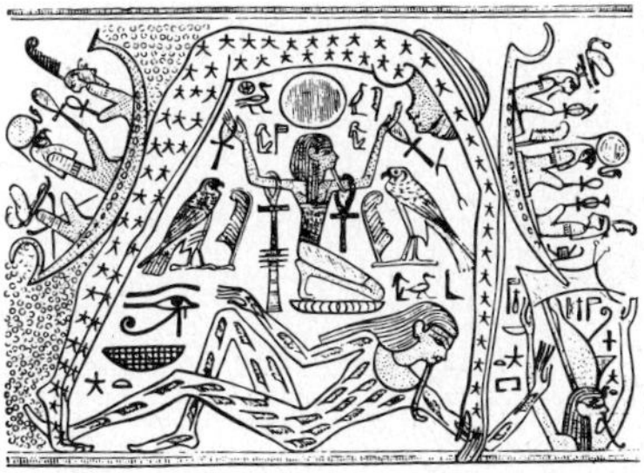

Einführung

Die Astronomie wird zu den ältesten Wissenschaften gezählt. Ihre Ursprünge liegen wahrscheinlich in der Epoche, in der die Menschen anfingen, Ackerbau zu betreiben. Für die Bestellung des Bodens brauchten sie einen verläßlichen Kalender, nach dem sich die Saat und die anderen Feldarbeiten im Verlaufe des Jahres richten mußten. Die einzigen zuverlässigen Anzeiger des Kreislaufs der Jahreszeiten stehen am Himmel.

Stonehenge ist nur eines von vielen prähistorischen Monumenten für einfache astronomische Beobachtungen.

Steinzeitliche Monumente wie Stonehenge wurden errichtet, um wichtige astronomische Ereignisse wie Sommer- und Wintersonnenwende anzuzeigen. Diese Bauten bezeugen, daß einfache Astronomie in weitaus weniger entwickelten Zivilisationen als denen des Ostens existierte, wo die Ursprünge der modernen Astronomie offen zutage treten.

Die Babylonier

Bereits 200 Jahre vor Christus beobachteten die Babylonier die augenfälligen Phänomene am Himmel und zeichneten sie auf. Jahrhunderte vor den Anfängen des Christentums errichteten sie Tem-

pel, die gleichzeitig Observatorien waren, in denen ihre Priester-Astronomen die Bewegungen der „sieben Planeten" verfolgten: Sonne, Mond und die fünf Wandelsterne, die wir als Merkur, Venus, Mars, Jupiter und Saturn kennen.
Sie entdeckten bald, daß diese Bewegungen nicht zufällig waren. Sie fanden heraus, daß jeder Planet mit einer ihm eigenen Geschwindigkeit über den Himmel zieht und daß die Bahnen sich voneinander unterscheiden. Sie sahen auch, daß die Bahnen aller Planeten trotz kleiner Abweichungen auf einen Streifen am Himmel begrenzt waren, der sich immer durch bestimmte Sterngruppen oder Konstellationen zog. Vermutlich waren die Babylonier die ersten, die dieses Band in zwölf gleiche Teile oder „Zeichen" einteilten. Sie benannten jedes Zeichen nach dem Sternbild, in dessen Bereich es sich befand.
Heute sind diese Einteilungen als Tierkreiszeichen bekannt. Sie sind jedoch nicht mehr mit den Sternbildern identisch, deren Namen sie tragen, weil die Erdachse ihre Richtung seither geändert hat. Die babylonischen Astronomen ahnten nichts von dieser Abweichung, denn sie ist nur über lange Zeiträume hinweg bemerkbar. Selbst wenn sie entdeckt worden wäre, hätten die Babylonier ihren Grund nicht ausfindig machen können. Sie glaubten nämlich, daß die Erde der unbewegliche Mittelpunkt aller Dinge im Universum sei – ein Glaube, der bis vor nicht allzu langer Zeit von den meisten Menschen geteilt wurde.

Astronomische Uhren

Dennoch waren die Babylonier äußerst praktische Astronomen. Die Einteilung des Kalenders und die Zeitmessung überhaupt waren für sie genauso wichtig wie für uns. Sie maßen die Zeit sowohl mit Hilfe der Sonne als auch mit dem Mond. Dabei erkannten sie, daß die beiden mit unterschiedlichen Geschwindigkeiten durch die Sterne wandern, so daß die Jahres- und Monatslängen sich nicht in Einklang bringen lassen. Aber sie fanden auch heraus, daß die Tage des Mond-Monats alle 19 Jahre mit den Tagen des Sonnenjahres übereinstimmen. Am Mond gemessen beträgt diese Zeitdauer 235 lunare Monate. Bedeutsam war auch die Entdeckung, daß die Monate verschieden lang sind: einige 30 Tage, andere nur 29. Schon damals erkannten die Astronomen, daß die Abfolge der 29- und 30-Tage-Monate mit der Änderung der scheinbaren Geschwindigkeiten von Sonne und Mond zusammenhing.
Wichtiger noch als diese Beobachtungen waren für die künftigen Astronomen die Aufzeichnungen, die die Babylonier seit 747 v. Chr. von Sonnen- und Mondfinsternissen gemacht hatten. Rund tausend Jahre später spielten diese Aufzeichnungen eine wichtige Rolle bei der genauen Vorhersage kommender Finsternisse.
Andere Völker verbesserten die Technik der Sternbeobachtung. Dadurch erreichte die astronomische Zeitmessung trotz der äußerst einfachen Instrumente einen beachtli-

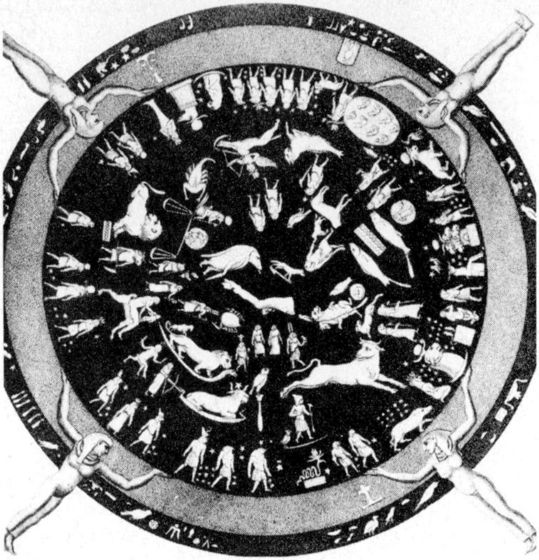

Spätägyptischer Tierkreis aus dem Tempel von Denderath.

Seite 9: Eine kunstvoll illustrierte Sternkarte von Hugh Lord Willoughby of Parham.

chen Stand, der durch die mechanischen Möglichkeiten dieser Zeit nicht übertroffen werden konnte.

Typisch für diese Verbesserungen ist die Vorrichtung, die die alten Ägypter benutzten, um den Moment eines Stern-Durchgangs durch den Meridian (Mittagslinie) zu beobachten. Sie bestimmten die Zeit ziemlich exakt durch das kurze Verlöschen des Sterns, wenn er hinter einem Lot verschwand, das man durch einen engen Spalt in einem Palmwedel fixierte. Fast genauso einfach waren die Schattenuhren, die sowohl die Tageszeit als auch das Datum anzeigten. Indem sie die Abstände zwischen den Zeitpunkten maßen, in denen der helle Stern Sirius jeweils wieder vor der Sonne aufging, fanden die Ägypter heraus, daß das Jahr 365 Tage hat.

Solche praktischen Ergebnisse trugen jedoch nichts dazu bei, die Frage nach der Beschaffenheit des Himmels und dem Grund für die beobachteten Erscheinungen zu beantworten. Alle Versuche, diese Dinge zu verstehen, wurden weiterhin durch die Überzeugung vereitelt, die Erde bewege sich nicht.

Griechische Astronomen und ihre Theorien

Die Griechen entwickelten Theorien, die sie im allgemeinen nicht durch praktische Beobachtungen stützten. Anaximander (611–547 v. Chr.) glaubte, daß die Erde eine flache Scheibe sei, die von mehreren rotierenden Ringen umkreist wurde. Sonne, Mond und Planeten waren nur durch Spalten in diesen Ringen zu sehen. Nach ihm nahmen griechische Philosophen zwar an, daß die Erde eine Kugel ist, aber sie waren sicher, daß sie keine tägliche Umdrehung machte, da sonst die Zentrifugalkraft alles von ihrer Oberfläche fortschleudern würde. Eine ähnliche Himmelsmechanik galt für die rotierenden Himmelssphären, die nicht sonderlich groß waren und sich in unmittelbarer Nähe der Erde befanden, wie die Griechen glaubten.

Die Annahme, daß der Himmel nicht fern sei, beeinflußte natürlich die Größen-Vorstellungen von Sonne, Mond und Planeten. Einige Philosophen meinten, daß selbst die Sonne sehr klein sei, und es gehörte zum Allgemeinwissen, daß Kometen atmosphärische und nicht astronomische Erscheinungen waren.

Manche „Erklärung" für die unterschiedlichen Planetengeschwindigkeiten und -bahnen wäre verworfen worden, wenn man sie anhand einer sorgfältigen Beobachtung mit einfachen zeitgenössischen Instrumenten überprüft hätte. Eine weitverbreitete Vorstellung war, daß jeder Planet von seiner eigenen durchsichtigen Sphäre getragen wurde. Sie drehte sich auf Zapfen, die an der nächsten Sphäre befestigt waren. Selbst Eudoxus (409–356 v. Chr.) schien diese Theorie zu akzeptieren. Er bestimmte die Länge des Sonnenjahres auf 365 Tage und sechs Stunden, wobei er sich nur um knapp zehn Minuten verrechnete.

Diejenigen, die der Wahrheit nahekamen, scheint man mißachtet oder als Ketzer angesehen zu haben. Anaxagoras (488–428 v. Chr.) erkannte, daß der Mond das Licht der

Sonne reflektierte. Sein Zeitgenosse Philolaus glaubte, daß die Erde ein Planet ist, der mit einer einzigen Eigendrehung um ein Zentralfeuer kreist, das immer verborgen bleibt – ähnlich der Erde, die nie auf der Rückseite des Mondes auftaucht.

Ein Theoretiker machte eine bemerkenswerte Ausnahme: Aristarchus (310–230 v. Chr.) schlug vor, die Sonne als den Mittelpunkt aller Dinge anzusehen, der von den Planeten einschließlich der Erde mit unterschiedlichen Geschwindigkeiten und in verschiedenen Abständen umkreist wird. Offensichtlich war jedoch niemand von Bedeutung bereit, eine solch unorthodoxe Position ernst zu nehmen. Die Welt mußte danach fast 1800 Jahre auf das Wiederauftauchen dieser Idee warten.

Praktische Astronomie

Trotz dieser ausgefallenen Theorien blieb der praktische Nutzen der Astronomie bestehen. Eratosthenes (276–194 v. Chr.) berechnete mit Hilfe astronomischer Daten und einer simplen Beobachtung den Umfang der Erde.

Der größte Astronom des Altertums war Hipparch. Vor seinem Tod im Jahre 120 v. Chr. hatte er nicht nur das für den Astronomen unentbehrliche Werkzeug der Trigonometrie erfunden. Er ließ in Rhodos ein bedeutendes Observatorium errichten, und seine Beobachtungen und Forschungen haben beständigen Wert.

Hipparch verglich seine eigenen Resultate mit alten Aufzeichnungen und erkannte, daß die Position der Sonne beim Äquinoktium sich am Himmel allmählich nach Westen verschiebt.

Die Entdeckung eines „neuen Sterns“ in der Konstellation Scorpio motivierte ihn, den ersten exakten Katalog mit Hunderten von Sternpositionen zu erarbeiten. Heute kann man diese durch Himmelsbreite und -länge bestimmten Sterne leicht auffinden, und die Konstellationen, die Hipparch definierte, gleichen denen, die wir auf modernen Sternkarten finden. Seine sorgfältigen Ortsbestimmungen von Sterngruppen, die zu seiner Zeit ziemlich gerade Linien bildeten, verhalfen nachfolgenden Astronomen zu der Erkenntnis, daß die Positionen der Sterne relativ zueinander nicht fest und unveränderlich sind.

Neue Theorien

Nach Hipparch suchten die Astronomen nach einer passenden Erklärung für die manchmal seltsam anmutenden Bewegungen der Planeten zwischen den „Fixsternen“. Auch wollten sie den Aufbau des Sonnensystems ergründen. Hipparch selbst erkannte, daß die beobachteten Bewegungen von Sonne und Mond nicht durch Bahnen erklärt werden konnten, die kreisförmig und konzentrisch um die Erde verliefen. Seine Annahme von exzentrischen Bahnen ermöglichte die Vorhersage von Finsternissen mit viel größerer Genauigkeit als zuvor.

Die Bewegungen der Planeten stellten ein komplizierteres Problem dar.

Als eine Theorie der Planetenbewegungen entstanden war, die allen beobachtbaren Fakten entsprach, erwies sie sich als so komplex und schwierig, daß die Astronomen sie kaum anwendeten. Sie zogen die offensichtlich falschen ,,modifizierten Versionen" der mathematisch einfacheren Ideen von Aristoteles vor.

Dennoch war die ,,neue" Theorie, die Ptolemäus von Alexandrien um 140 n. Chr. entwickelte, für anderthalb Jahrtausende durch Beobachtungen nicht zu widerlegen. Ptolemäus eigene Beschreibungen der Instrumente, mit deren Hilfe die neue Theorie entstanden war, lassen erkennen, daß die Himmelsbeobachtung bereits zu einem ziemlich exakten Verfahren geworden war.

Astronomische Instrumente

Eines dieser Instrumente bestand aus einem großen bogenförmigen Winkelmesser, in dem ein engsitzender Ring mit einer Visiereinrichtung gedreht wurde. Damit ließ sich die tägliche Mittagshöhe der Sonne mit beträchtlicher Genauigkeit bestimmen.

Ein anderes Gerät maß die scheinbaren Änderungen von Sonnen- und Monddurchmesser. Mit ihm ließ sich nicht nur beweisen, daß ihre Entfernungen von der Erde sich ändern, sondern es vermittelte auch eine Vorstellung vom Ausmaß dieser Veränderung.

Die Konstruktion des Triquetrums, des parallaktischen Lineals, zeugte von noch größerem Einfallsreichtum. Mit seiner Hilfe konnte man die Position des Mondes genauer bestimmen als zuvor. Sein Vorderteil bestand aus einer ringförmigen Blende, die haargenau die sichtbare Mondscheibe umschloß. Selbst

Das Tellurium war der Vorläufer des modernen Planetariums. Mit ihm ließen sich die Bewegungen der Planeten um die Sonne und die Bahn des Mondes um die Erde mechanisch darstellen.

wenn der Mond nur als Sichel zu sehen war, ließ sich seine exakte Position mit dem Blenden-Mittelpunkt orten.
Das wichtigste und komplizierteste Instrument war das Astrolabium. Wenn man es auf die jeweilige geographische Breite, die Neigung der Ekliptik und die Drehung des Himmels eingestellt hatte, ließ es sich wie ein moderner Sternkompaß benutzen. Seine Verwendung befreite den Beobachter von den langwierigen und komplexen Berechnungen, die man bislang hatte anstellen müssen, um die Position der Gestirne zu bestimmen.

Das Astrolabium, noch heute als Produkt hohen handwerklichen Könnens geschätzt, war für den Fachmann Navigationshilfe, Uhr und Kalender zugleich.

Tycho, Kopernikus, Kepler

In den folgenden Jahrhunderten wurden die Nachläufer dieser Instrumente von Navigatoren verwendet; wieder andere Geräte wurden in den Jahrzehnten vor der Erfindung des Teleskops von Tycho Brahe verbessert und vergrößert. In dieser Zeit entwickelte Kopernikus eine neue Theorie, mit der er die scheinbaren Bewegungen der Planeten erklärte. Anstelle der ineinandergelagerten Sphären, die sich um ihre eigene unsichtbare Achse drehen (oder die Planeten, die auf exzentrisch die Erde umkreisenden Zapfen sitzen), setzte Kopernikus ein viel einfacheres Weltbild: er stellte die Sonne in den Mittelpunkt. Damit war der Begriff des Sonnensystems entstanden. Die kopernikanische Theorie versetzte die Erde in Bewegung und ließ die Sterne stillstehen. Aber sie traf auf wenig Verständnis, obwohl genauere Beobachtungen erwiesen, daß selbst das ausgeklügelte System des Ptolemäus einiger Verbesserungen bedurfte.
Tycho wurde nie zum ,,Kopernikaner", obwohl seine eigenen Messungen ergaben, daß die ,,unveränderliche Sphäre der Sterne" sich doch veränderte. Wenn auch das Fernrohr bereits gezeigt hatte, daß die Sonne sich drehte und die Planeten andere Welten waren, glaubten einige Astronomen weiterhin an das alte Modell. Im Jahre 1609 jedoch entdeckte Tychos ehemaliger Assistent Kepler die natürlichen Ge-

Mit dem großen 5-Meter-Spiegelteleskop auf Mount Palomar lassen sich äußerst lichtschwache Objekte fotografieren. Das Riesenteleskop leistet 20-Millionen-mal mehr als das menschliche Auge.

Observatorien wie dieses in Chile brauchen Standorte in klarer Luft, weit entfernt von Städten, mit einem großen Beobachtungskreis.

Mit einem Coudé-Teleskop läßt sich genauso bequem arbeiten wie mit einem Mikroskop. Die meisten großen Spiegelteleskope werden auf diese Weise benutzt, wenn sie das Licht eines Sterns in ein spektrographisches Labor leiten sollen.

setzmäßigkeiten der Planetenbewegungen. Die Keplerschen Gesetze stützen sich auf Beobachtungen und versuchten nicht, die Natur in die menschliche Vorstellung von Vollkommenheit hineinzuzwängen. In der neuen Ordnung der Dinge verlor der Kreis – die perfekte Figur – seine vormalige Bedeutung. Für die Astronomen wurde er zu einem Spezialfall der Ellipse, in der die Exzentrizität gleich Null ist und die beiden Brennpunkte zusammenfallen.

Keplers Entdeckung, daß die Umlaufbahnen elliptisch sind, lieferte einen wichtigen Hinweis für die Existenz einer Kraft (Schwerkraft), die über die riesigen Entfernungen im Weltraum zwischen den Himmelskörpern wirkt.

Die verwickelten alten Theorien wurden entweder unhaltbar oder überflüssig. Eine neue Art und Weise, die Natur der Dinge zu erforschen, war entstanden. Das war der Beginn der modernen Astronomie.

Die Erde dreht sich um sich selbst. Dadurch scheint es dem Beobachter, als stünde er im Zentrum einer hohlen Himmelskugel, die rotiert und dabei die Sterne mitnimmt. Diese Drehung ist ein genaues Abbild der Erdrotation. Deshalb liegen der Himmelsäquator und die Himmelspole genau über denen der Erde. Die Höhe des Himmelspols über dem Horizont und die Neigung des Himmelsäquators hängen von der jeweiligen Position eines Beobachters auf der gekrümmten Erdoberfläche ab, d.h. von seiner geographischen Breite.

Diese ortsgebundenen Unterschiede wirken sich nicht auf die Lage der Himmelskörper auf der „Kugel" aus. Ihre Positionen werden durch ihren Winkelabstand vom Himmelsäquator bestimmt und die Zeitfolge, in der sie den jeweiligen Meridian passieren. Eine Umdrehung der Himmelskugel wird in 24 siderischen (Stern-)Stunden gemessen. Die Messung beginnt an dem Punkt, an dem die Sonne den Himmelsäquator im März schneidet, dem Frühlingspunkt.

Rektaszension und Deklination

Die Position eines Sterns wird in Rektaszension und Deklination gemessen. Die Rektaszension wird auf dem Himmelsäquator vom Frühlingspunkt aus nach Osten gerechnet. Der Stundenkreis oder Meridian, der sich über dem jeweiligen geographischen Längenkreis am Himmel befindet, gibt die **Sternzeit** an. Mit der Deklination wird der Winkelabstand des Sterns vom Himmelsäquator bezeichnet: mit +, wenn der Stern nördlich und mit –, wenn er südlich des Himmelsäquators steht.

Ein mit Teilkreisen ausgerüstetes Fernrohr, dessen Hauptachse parallel zur Erdachse ausgerichtet ist, kann sofort auf die Koordinaten eines jeden Sterns über dem Horizont eingestellt werden, wenn die örtliche Sternzeit bekannt ist. Auf diese Weise lassen sich helle Sterne selbst am Tage auffinden. Wird das Teleskop auf einen Stern gerichtet, dessen Rektaszension bekannt ist, dann kann der Beobachter die Sternzeit am Teilkreis ablesen.

Ekliptik, Äquinoktien und Solstitien

Obwohl Sonne, Mond und Planeten sich offenbar mit der Himmelskugel drehen, scheinen sie sich außerdem noch eigenständig über sie hinwegzubewegen, im Gegensatz zu den Fixsternen. Die Position der Sonne ändert sich täglich, sowohl in Deklination als auch in Rektaszension. Im Laufe eines Jahres beschreibt sie für einen irdischen Beobachter scheinbar einen Kreis am Himmel. Die Neigung der Erdachse um $23^1/_2$ Grad macht die scheinbare Sonnenbahn – die Ekliptik – zu einem schräggestellten großen Kreis. Dieser schneidet den Himmelsäquator an zwei gegenüberliegenden Punkten – den Äquinoktien (Tag- und Nachtgleiche, am 21.3. und 23.9.) – im Winkel von $23^1/_2$ Grad. Genau in der Mitte zwischen diesen Punkten liegen die Solstitien (Sonnenwenden, am 21.6. und 22.12.), in denen die Sonne ihren Höchststand auf der Nord- bzw. Südhalbkugel erreicht. Zu diesen Zeitpunkten ist das Gebiet, in dem die Mitternachtssonne scheint, an einem der beiden Erdpole am größten. Während die Sonne in Breiten oberhalb von $66^1/_2$ Grad nicht untergeht, bleibt ein gleich großes Gebiet am Gegenpol in Dunkelheit gehüllt.

Der Tierkreis

Die zwölf Sternbilder der Ekliptik – der Tierkreis oder Zodiak (von dem griechischen Wort zodiakon = Tiere) – sind mit einer Ausnahme alle nach Lebewesen benannt. Sechs Monate, nachdem die Sonne durch eine der Konstellationen gewandert ist, erscheint diese am Mitternachtshimmel. Die Reihenfolge der Tierkreissternbilder: Pisces (Fische), Aries (Widder), Taurus (Stier), Gemini (Zwillinge), Cancer (Krebs), Leo (Löwe), Virgo (Jungfrau), Libra (Waage), Scorpius (Skorpion), Sagittarius (Schütze), Capricornus (Steinbock), Aquarius (Wassermann).

Astronomische Zeitmessung

Die tatsächliche Geschwindigkeit der Erdrotation wird mit Hilfe der

Was früher als Tatsache angesehen wurde, ist uns heute als Sinnestäuschung bekannt: daß wir im Mittelpunkt einer großen Kristallkugel stehen, durch deren tägliche Eigendrehung ein Sternbild nach dem anderen über den Nachthimmel zieht. Auf Bild A nähert sich eine Konstellation dem Horizont des Beobachters. In B geht sie am Horizont auf.

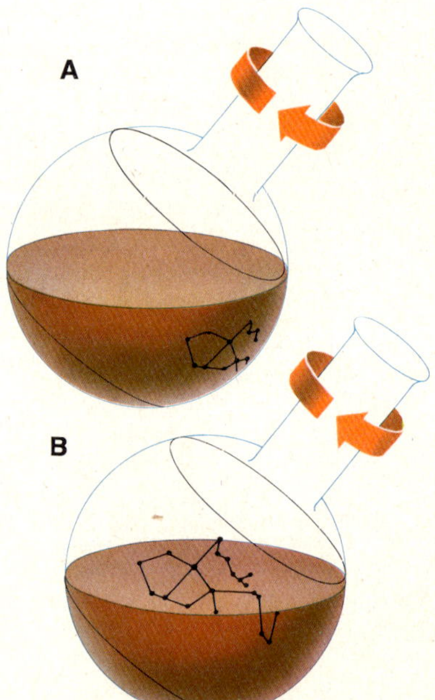

Wo immer wir uns auf der Erde befinden: wir stehen scheinbar im Mittelpunkt einer großen, sternübersäten Kugel, deren eine

Hälfte von der Erdoberfläche bedeckt wird. Die geographische Breite bestimmt die Neigung der Himmelskugel, die sich um den Betrachter „dreht“. Der Himmel wird hier als ein kugelförmiges Glasgefäß dargestellt, zur Hälfte gefüllt und so gekippt, daß es dem Himmelsausschnitt entspricht, den man im Ruhrgebiet sieht. Die geographische Breite wird verschoben, indem man die Neigung des Gefäßes und damit auch die Lage der innen gelegenen Horizontebene ändert.

Wird der Glashals nach unten geneigt, bewegt sich der Beobachter nach Süden: der Himmelspol sinkt tiefer, und bislang unsichtbare Sterne gehen am südlichen Horizont auf.

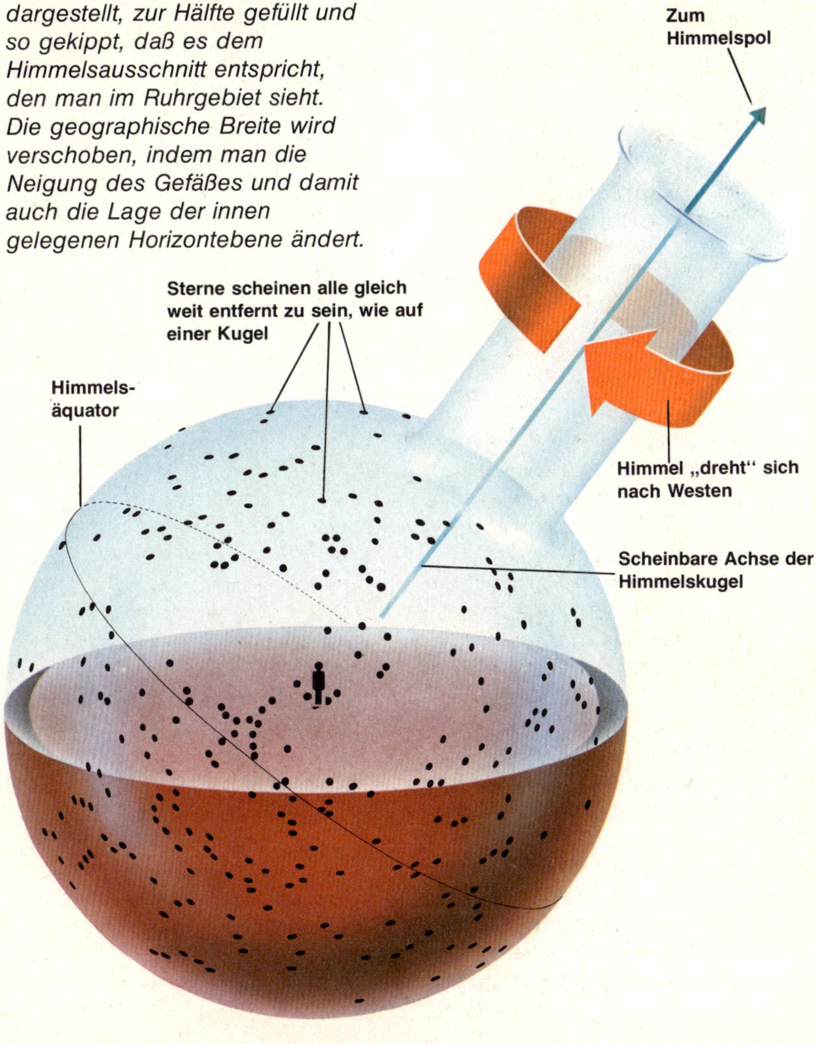

Aufgrund ihrer beachtlichen Größe war diese Armillarsphäre (Grundgerüst eines Himmelsglobus) ein wichtiges Instrument für die chinesischen Astronomen, obwohl sie erst 70 Jahre nach der Erfindung des Fernrohrs gebaut wurde. Die Achse der Armillarsphäre wurde parallel zur Erdachse ausgerichtet, so daß die Positionen von Himmelskörpern mit Visiereinrichtungen und Teilkreisen festgestellt werden konnten.

scheinbaren Drehung des Himmelsgewölbes bestimmt, nicht mit der Sonne. Die langsame Wanderung der Sonne am Himmel nach Osten läßt sie einen ganzen Tag pro Jahr „verlieren". Die 24 Stunden des siderischen Tages, der am Durchgang der Sterne durch den Meridian gemessen wird, sind auf einer normalen Uhr nur 23 h 56 m 4 s lang.

Nach astronomischen Maßstäben ist die Sonne ein sehr unzuverlässiger Zeitmesser, und zwar aus zwei Gründen. Zum einen steht sie nicht im Mittelpunkt der Erdbahn. Deshalb wandert die Erde mit immer wechselnden Geschwindigkeiten um die Sonne. Am schnellsten ist sie in Sonnennähe (Perihel). Also ändert sich auch die Geschwindigkeit, mit der sich die Sonne scheinbar durch die Ekliptik bewegt. Die zweite Fehlerquelle ist die Neigung der Ekliptik. Steht die Sonne im Solstitium, dann bewegt sie sich praktisch parallel zum Himmelsäquator; während der Äquinoktien jedoch ist ihre Bahn um $23^{1}/_{2}$ Grad geneigt.

Aus diesen Gründen basiert die normale Zeitmessung („mittlere Zeit") auf der willkürlich festgesetzten Bewegung einer fiktiven Sonne. Sie entspricht der Zeit, die eine Sonnenuhr anzeigen würde, wenn die Erdbahn kreisförmig wäre, mit der Sonne im Mittelpunkt und einer senkrecht stehenden Erdachse. Tatsächlich jedoch zeigt eine Sonnenuhr nur viermal im Jahr kurz die richtige Zeit an, während sie sonst bis zu 17 Minuten falsch geht.

Die Bewegungen des Mondes

Der Mond bewegt sich viel schneller zwischen den Sternen nach Osten als die Sonne, so daß er sie in regelmäßigen Abständen überholt. Dieser Zeitraum heißt synodischer Monat und ist 29 Tage 12 h 44 m $2^3/_4$ s lang. Die Mondphasen sind die Folge dieser schnelleren Bewegung.

Das beleuchtete Gebiet auf der Vorderseite des Mondes ändert seine Größe, weil sich der Winkel zwischen Mond und Sonne ändert. Wenn die Rektaszension von Sonne und Mond zusammenfallen ist Neumond, und die der Erde zugewandte Seite unseres Trabanten ist dunkel. Steht er ein paar Grad östlich der Sonne, dann leuchtet sein westlicher Rand als schmale Lichtsichel auf, die bei seiner Wanderung nach Osten immer größer wird. Im Ersten Viertel, wenn sein Winkelabstand von der Sonne 90 Grad beträgt, sieht man die Hälfte seiner beleuchteten Seite. Bei einem Rektaszensions-Unterschied zur Sonne von 12 h (= 180 Grad) ist der Mond voll, bei 18 h im letzten Viertel.

Lägen Mond- und Erdbahn auf derselben Ebene, dann würde sich bei jedem Neumond die Sonne verfinstern. Da jedoch die Mondbahn um 5,15 Grad gegenüber der Ekliptik geneigt ist, treten Finsternisse nur auf, wenn der Mond in die unmittelbare Nähe der Ekliptik kommt. Steht er bei Neumond genau auf der Ekliptik – an einem sogenannten Knoten – dann verfinstert er die Sonne zentral. Aber eine solche zentrale Finsternis muß nicht total sein. Die Entfernung Erde–Mond ändert sich laufend, genau wie der Abstand Sonne–Erde. Die Entfernung des Mondes vom Erdmittelpunkt schwankt zwischen 356 000 und 407 000 Kilometer. Die Länge des Mondschattens im Weltraum hängt von der Entfernung der Sonne ab. Bei einer Finsternis erreicht der Kernschatten des Mondes manchmal nicht die Erdoberfläche, so daß eine ringförmige Finsternis die Folge ist. Dabei erscheint der Mond merklich kleiner als die Sonne, so daß er selbst auf dem Höhepunkt der Finsternis von einem schmalen strahlenden Lichtkranz umgeben ist.

Finsternisse sind viel häufiger, als man gemeinhin annimmt. Jedes Jahr ereignen sich insgesamt mindestens vier Sonnen- und Mondfinsternisse, davon mindestens zwei Sonnenfinsternisse. (Bis zu sieben Verfinsterungen sind möglich: entweder vier oder fünf Sonnen- und zwei oder drei Mondfinsternisse.)

Zwar treten Sonnenfinsternisse um ein Drittel häufiger auf, dafür aber sieht man Mondfinsternisse öfter: der kleine Mondschatten zieht (bei einer Sonnenfinsternis) nur entlang einer schmalen Bahn über die Erdoberfläche, während der Erdschatten (bei einer Mondfinsternis) noch über den Mondrand hinausreicht. Jede Mondfinsternis kann – zumin-

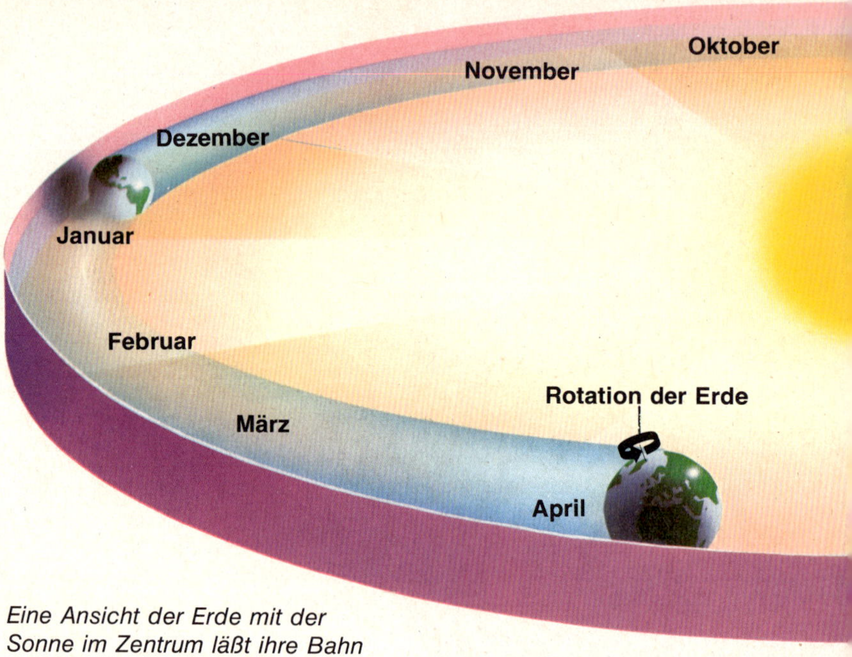

Eine Ansicht der Erde mit der Sonne im Zentrum läßt ihre Bahn einfach, fast kreisförmig erscheinen, auf einer Ebene und mit einer im Jahresverlauf fast gleichbleibenden Geschwindigkeit.

Weil die Eigenbewegung der Sonne gegen die Ekliptik geneigt ist, folgt die Erde einer spiralförmigen Bahn durch die Galaxis, und zwar mit sehr unterschiedlichen Geschwindigkeiten.

Unsere Bewegung durch den Weltraum

Obwohl die Bahnen der Planeten um die Sonne meist fast kreisförmig dargestellt werden, ist unsere Bewegung durch das Weltall in Wirklichkeit erheblich komplizierter. Würde man die Planetenbahnen von einem Punkt weit außerhalb unseres Sonnensystems betrachten, dann sähen sie ganz anders aus. Genauso würde die scheinbar

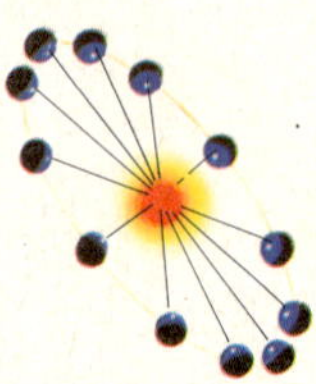

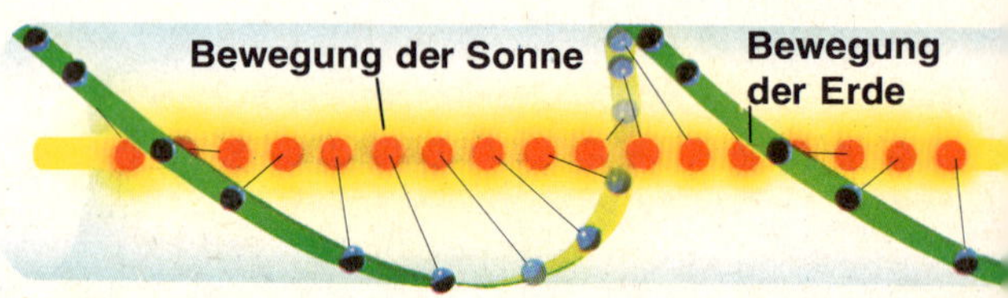

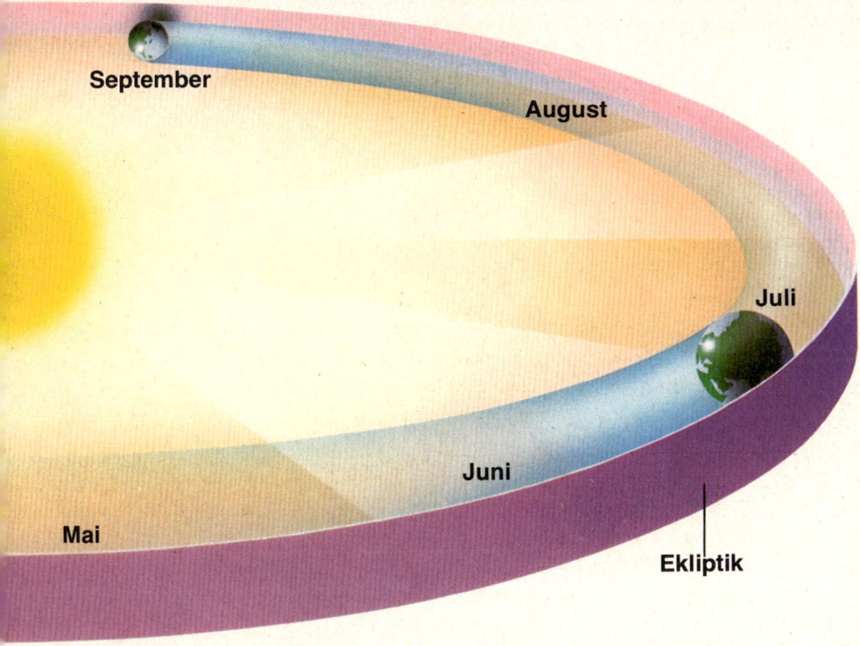

kreisförmige Monats-Reise des Mondes um die Erde einem außenstehenden Betrachter nur als leichte Schwankung in seiner Jahres-Reise um die Sonne erscheinen. Die Sonne selbst rotiert zusammen mit anderen Sternen um das Zentrum unserer Galaxis. Sie nimmt dabei die Erde und alle anderen Planeten mit sich.

Die Bahn der Erde sieht nicht mehr kreisförmig aus, wenn man sie im rechten Winkel zur Flugbahn der Sonne betrachtet. Die Bahnen der inneren Planeten Merkur und Venus – wären sie auf dem Bild eingezeichnet – wären noch enger gewundene Spiralen. In dem relativ kurzen Zeitraum, wie ihn das Bild zeigt, würde die Bahn des Pluto kaum von einer geraden Linie abweichen.

Die Bewegung der Sonne durch den galaktischen Raum kann

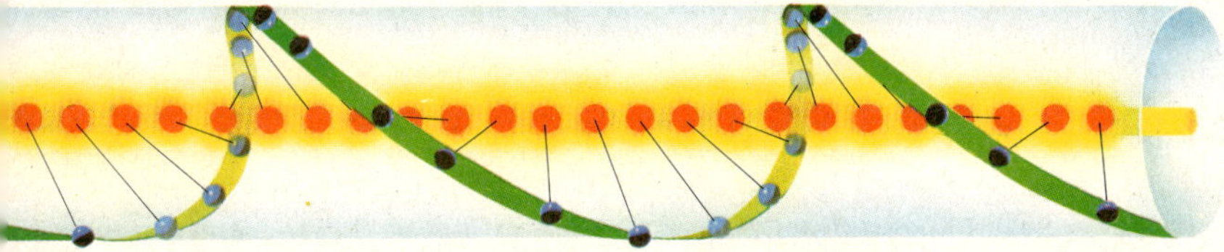

nicht gleichförmig sein, denn die Sonne kreist um das Zentrum unserer Galaxis und wird dabei von anderen Sternen beeinflußt. Aus diesen Gründen können wir ihre Flugbahn durch den Raum nicht genau bestimmen, sie könnte sich in den kommenden Jahrmillionen auch drastisch ändern. Wir wissen nur, daß das Sonnensystem etwa 220 Millionen Jahre braucht, um einen Umlauf um die Galaxis zu vollenden. Dies schließen die Astronomen aus seiner ungefähren Distanz zum Zentrum der Galaxis und seiner gegenwärtigen Bewegung.

Die Mitternachtssonne. Diese Intervallaufnahme aus Nord-Norwegen zeigt die Julisonne, die selbst um Mitternacht über dem Horizont bleibt.

dest teilweise – von weit mehr als der Hälfte der Erdoberfläche aus beobachtet werden.

Auf- und Untergang der Sternbilder

Für einen Beobachter auf dem irdischen Äquator liegen die Himmelspole an seinem nördlichen und südlichen Horizont. Die Rotation der Erde eröffnet ihm den Blick auf die gesamte Himmelskugel. An allen anderen Orten bleibt eine Zone des Himmels in der Umgebung des unsichtbaren Himmelspols immer unter dem Horizont. Die entsprechende Zone am sichtbaren Himmelspol geht nie unter (zirkumpolare Zone).

Extremfälle sind die Pole der Erde, an denen die zirkumpolare Zone vom Himmelsäquator begrenzt wird und die andere Hälfte des Himmels immer verborgen bleibt.

In den mittleren nördlichen Breiten sind folgende Sternbilder zirkumpolar: Cassiopeia, Camelopardalis, Ursa Minor, Draco und Cepheus sowie große Teile von Perseus, Auriga, Lynx, Ursa Major und Canes Venatici. Von den Konstellationen des südlichen Tierkreises bleiben nur die südlichsten Sterne von Scorpius und Sagittarius unter dem Horizont.

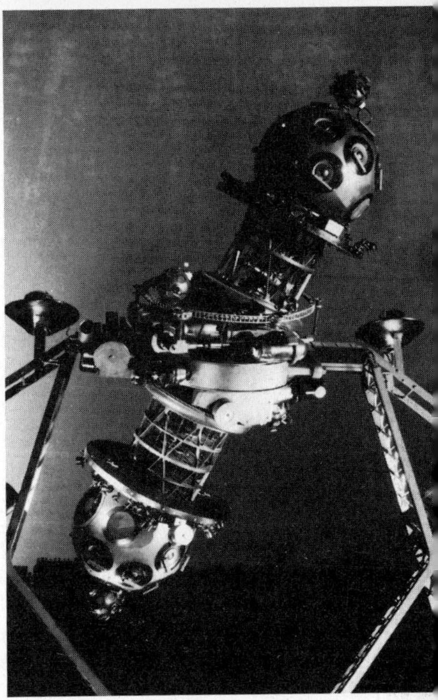

In einem Planetarium werden optische Projektoren wie dieser verwendet. Sie erzeugen die Illusion eines Nachthimmels, an dem astronomische Ereignisse simuliert werden können.

Das Sonnensystem

Die Bewegungen der Himmelskörper werden durch die Anziehungskraft bestimmt, mit der sie aufeinander wirken. Isaac Newton deckte das Geheimnis der Gravitation auf: die Kraft, die den Apfel anzieht und zur Erde fallen läßt, entspricht der Kraft, die in Richtung des Apfels auf die Erde wirkt. Allerdings hat eine solch schwache Kraft keine sichtbare Auswirkung auf die Erde, wohl aber auf die kleinere Masse des Apfels.
Die Massedifferenz zwischen Erde und Mond ist nicht ganz so extrem: ungefähr $81\,^1/_3 : 1$, anstelle von einigen Milliarden zu eins wie im obigen Beispiel. Diese Zahl läßt sich einfach ermitteln, weil Erde und Mond sich um einen Punkt herumbewegen, an dem sich ihre beiden unterschiedlichen Massen „ausgleichen“. Die monatliche Bahn des Erdmittelpunktes um diesen Ort herum ist nur $81\,^1/_3$mal so groß wie die des Mondes.
Einfache Berechnungen wie diese sind selten in der Himmelsmechanik und meist reicht simple Algebra nicht aus. Dennoch sind die grundlegenden Gesetze der Planetenbewegungen relativ einfach. Sie verdeutlichen, wieso die Astronomen die jeweiligen Positionen der Planeten vorhersagen können. Johannes Kepler faßte diese einfachen Gesetze im frühen 17. Jahrhundert in Worte – etwa 140 Jahre, bevor Isaac Newton sie als Wirkungen der Schwerkraft neu definierte.

Die Keplerschen Gesetze

1. Jeder Planet bewegt sich in einer Ellipse um die Sonne, *in deren einem Brennpunkt die Sonne steht.*
2. Eine Linie von der Sonne zum Planeten bestreicht in gleicher Zeit gleiche Flächen, und *die lineare Geschwindigkeit der Planeten ändert sich dementsprechend.*
3. Zwischen den Umlaufzeiten der Planeten und ihren mittleren Entfernungen zur Sonne besteht eine einfache Beziehung: die *Quadrate der Umlaufzeiten* verhalten sich *wie die Kuben der mittleren Entfernungen.*

Die Erde umläuft die Sonne in einem Jahr und ihre mittlere Entfernung ist eine Astronomische Einheit (1 AE = 149,6 Millionen km). Der Mars braucht für einen Umlauf 1,8808 Jahre. $1{,}8808^2 = 3{,}5374086$ ist die Zahl in AE, aus der die mittlere Entfernung berechnet werden kann: 1,5236 AE (= dritte Wurzel aus 3,537408).
Mit der Astronomischen Einheit als bekannter Größe läßt sich die Masse der Sonne bestimmen. Man muß dazu nur ihre Wirkung auf Objekte in Erd-Entfernung messen. Die Erde läuft mit 29,8 km/sec um die Sonne. Die Bewegung würde gradlinig ver-

Diese Satellitenaufnahme von Jupiter zeigt die Turbulenzen in seiner vielfarbigen Atmosphäre besser als jedes Fernrohr.

laufen, wenn nicht die Masse der Sonne da wäre. Die Erde wird in der einen Sekunde, in der sie sich um 29,8 km weiterbewegt, ungefähr 3 mm zur Sonne hingezogen. Das Ergebnis ist eine endlose Kurve. Diese Kraft und andere Faktoren lassen darauf schließen, daß sich aus der Sonne 330 000 Planeten wie die Erde machen ließen.

Ebenso einfach läßt sich die Masse eines jeden Planeten bestimmen, der einen Trabanten hat. Dazu mißt man dessen Bahnradius und seine Umlaufzeit um den Planeten. Bei Planeten ohne Trabant (Merkur und Venus) sind diese Rechenoperationen viel schwieriger. Ihre Massen werden mit Hilfe der geringen Bahnabweichungen ermittelt, die sie bei anderen Planeten auslösen.

Die Größe eines Planeten ergibt sich aus der mikrometrischen Vermessung seines Durchmessers, der dann als Bruchteil der bekannten Entfernung des Planeten ausgedrückt wird. Bei den äußeren Planeten wirken sich geringe Meßfehler gravierend aus und verfälschen die Berechnungen des Durchmessers und noch mehr die von Masse, Schwerkraft und mittlerer Dichte. Aus diesem Grunde wird eine ganze Serie von Messungen durchgeführt: in unterschiedlichen Entfernungen und, wenn möglich, auch tagsüber. Damit wird die Überstrahlung ausgeschaltet, die den Planeten nachts größer erscheinen läßt als er ist.

Die Planeten im Kleinformat

Ein Modell des Planetensystems kann nur die Umlaufbahnen maßstabsgetreu zeigen; selbst der größte Planet wäre in einem Modell nur mikroskopisch klein. Im Vergleich zu seinem Durchmesser ist das Sonnensystem sehr flach: die Umlaufbahnen der Planeten liegen fast genau auf derselben Ebene, mit der Ausnahme von Pluto. Ohne Pluto könnte man ein Modell des Systems von drei Metern Durchmesser in einem zehn Zentimeter hohen Schaukasten unterbringen.

Ein solches Modell zeigt auch deutlich die Lücke, die zwischen den Bahnen von Mars und Jupiter klafft. Sie teilt die Planeten in zwei deutlich unterschiedene Gruppen. Die sonnennahen Planeten Merkur, Venus, Erde und Mars heißen erdähnlich, weil sie in Größe und Masse der Erde vergleichbar sind. Jenseits der Lücke kreisen die Riesenplaneten. Sie sind erheblich größer und besitzen mehr Masse als die terrestrischen Planeten, enthalten jedoch viel mehr leichtere Elemente.

Terrestrische Planeten

Merkur ist gleichzeitig der innerste und der kleinste Planet. Mit Ausnahme von Pluto verläuft seine Umlaufbahn am exzentrischsten und weist die größte Neigung auf. Sein Abstand von der Sonne schwankt zwischen 47 und 70 Millionen km, seine Bahngeschwindigkeit zwischen 37 und 56 km/sec. Merkurs Sonnennähe erschwert seine Beobachtung; mit dem bloßen Auge ist er immer nur in Horizontnähe zu sehen. Wenn sein scheinbarer Abstand von der Sonne (Elongation) am größten ist, leuchtet er oft am un-

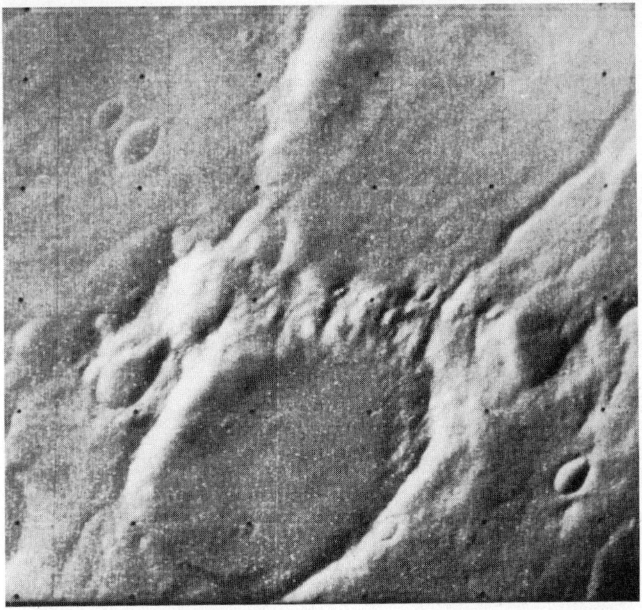

Keine Kanäle, keine Vegetation! Wie der Mond, so zeigt auch Mars eine wüstenartige Oberfläche. Auch die Krater tragen zu seinem eher mond- als erdähnlichen Aussehen bei.

Der Kargheit der Mars-Polkappen entsprechen die Temperaturen, die bis auf –130 °C absinken.

teren Dämmerungshimmel als heller Stern. Nach einem Intervall von manchmal sieben, meist aber dreizehn Jahren zieht der Merkur genau zwischen Erde und Sonne durch. Dann sieht man ihn durch das Teleskop als kleinen runden Schattenfleck. Diese Vorübergänge ereignen sich nur Anfang November oder Anfang Mai.

Die Venus ist – genau wie der Merkur – am auffälligsten nahe ihrer größten Elongation. Ihre scheinbare Distanz zur Sonne ist erheblich weiter als die des Merkur, weil ihre Umlaufbahn größer ist und sie der Erde viel näher kommt. In ihrer größten Elongation steht sie bis zu 48 Grad neben der Sonne und fällt nach Sonnenuntergang oder vor Sonnenaufgang als hell leuchtender

Stern auf. Zur Zeit ihrer größten Leuchtkraft scheint sie 13mal heller als Sirius und ist selbst am Tage zu sehen.

Ihre Vorübergänge vor der Sonne sind seltene Ereignisse, die manchmal in „Acht-Jahres-Paaren" auftreten. Das letzte Paar fiel auf die Jahre 1874 und 1882, das nächste folgt in den Junimonaten 2004 und 2012.

Die Erde als Planet zeichnet sich nicht nur durch die besondere Beschaffenheit ihrer Atmosphäre aus, die komplizierte Lebensabläufe ermöglicht, sondern auch durch die beträchtliche Größe ihres Trabanten, des Mondes. Sein Durchmesser beträgt mehr als ein Viertel von dem der Erde, und obwohl unser Begleiter weniger als $^1/_{80}$ an Masse aufweist, beeinflußt er merklich die Bahn der Erde um die Sonne. Das Massezentrum des Doppelsystems Erde–Mond liegt zwar weit vom Erdmittelpunkt entfernt, aber noch innerhalb des Erdkörpers.

Eine der Auswirkungen eines solch großen Objektes in 384 000 km Entfernung ist die allmähliche Verringerung der irdischen Rotationsgeschwindigkeit. Die Abbremsung ist gering, und sie wurde entdeckt, weil im Laufe eines Jahrhunderts der Mond über die vorausberechnete Position hinausgewandert war.

Mars, der letzte der terrestrischen Planeten, ist wohl am häufigsten beobachtet worden. Bei etwa dem halben Erddurchmesser und rund einem Zehntel der Erdmasse beträgt seine Schwerkraft nur 38 Prozent. Heute erst zeigt sich, wie schwierig die Deutung von Ereignissen auf der Oberfläche eines so kleinen und weit entfernten Objekts ist. Das Terrain ist viel zerklüfteter, als man angenommen hatte und gleicht den weniger schroffen Teilen des Mondes. Der Mars ist kalt, aber trotz seiner dünnen Atmosphäre wirbeln Stürme Staubwolken auf, die bisweilen große Gebiete überziehen. Oppositionen (die Erde steht zwischen dem Planeten und der Sonne, d.h. der Planet steht in Opposition zur Sonne) ereignen sich alle 780 Tage. Steht Mars dann auch an seinem sonnennächsten Punkt, nähert er sich der Erde bis auf 56 Millionen km. Er strahlt dann so hell, daß nur Venus ihn übertrifft. Diese Annäherungen ereignen sich alle 15 oder 17 Jahre Ende August und sind am besten auf der Südhalbkugel zu beobachten, wo Mars hoch am Himmel steht. Seine beiden winzigen Begleiter, Phobos und Deimos, sind unregelmäßige Felsbrocken von wenigen Kilometern Durchmesser, die sich nur mit großen Teleskopen ausmachen lassen.

Die Riesenplaneten

Jupiter, Saturn, Uranus und Neptun gleichen einander trotz vieler Unterschiede: im Vergleich mit den erdähnlichen Planeten ist ihre Dichte bemerkenswert gering. Masse und Volumen von Jupiter sind größer als die aller anderen Planeten zusammen. Den schönsten Anblick bietet Saturn mit seinen Ringen aus Myriaden von Mikro-Trabanten, die auf seiner Äquator-Ebene kreisen. Saturn ist auch der einzige Planet, der

Saturn mit seinen Ringen ist das auffälligste Mitglied des Sonnensystems und der Planet mit der geringsten Dichte.

Diese Aufnahme einer Mariner-Sonde zeigt die dichte Wolkendecke der Venus, die ihre Oberfläche immer bedeckt.

weniger Masse hat, als eine gleich große, mit Wasser gefüllte Kugel. Aufgrund ihrer hohen Rotationsgeschwindigkeit sind die Pole von Jupiter und Saturn merklich abgeflacht – bei Saturn so stark, daß Pol- und Äquator-Durchmesser fast 13000 km voneinander abweichen, was in etwa dem Erd-Durchmesser entspricht. Jupiters Umdrehungsgeschwindigkeit auf der Oberfläche beträgt am Äquator rund 46000 km/h. Keiner der Planeten rotiert als fester Körper. In ihren dichten Atmosphären zeigen vorüberziehende Flecken an, daß sich die Äquatorregionen schneller als die Pole drehen. Durch die Atmosphären der beiden Planeten ziehen sich Schattierungen in Form horizontaler Bänder, wobei die von Jupiter ausgeprägter und veränderlich sind, mit scharf abgegrenzten Kontrasten. Sein Großer Roter Fleck ändert sowohl seine Leuchtkraft als auch seinen Standort.

Beide Riesenplaneten werden von mehreren Monden umkreist. Von den 14 Jupitermonden kann man die vier größten sogar mit dem Fernglas sehen. Saturn hat elf Monde, von denen einer Titan heißt. Wie die vier erwähnten Jupiter-Trabanten, so läßt sich auch Titan in eine Größenklasse mit Merkur einreihen.

Fast alle anderen Monde der beiden Planeten sind sehr klein; Form und Neigung einiger Umlaufbahnen deuten darauf hin, daß es sich um eingefangene Asteroiden handelt.

Uranus und Neptun – beide viel kleiner als Saturn – gleichen sich in Größe und Masse. Genau wie Jupiter und Saturn sind auch sie von dichten Atmosphären umgeben. Bei Uranus wurden Ringe entdeckt. Die fünf bekannten Uranusmonde umlaufen genau die Äquatorebene des Planeten. Von den beiden Neptunmonden kreist einer in dem ungewöhnlichen Winkel von fast 160 Grad, so daß seine Bewegung um

den Planeten rückläufig ist. Spektrographische Untersuchungen der Atmosphären der vier Riesenplaneten deuten auf große Mengen Methan hin, bei Jupiter und Saturn auch auf Ammoniak.
Pluto, der äußerste und zuletzt entdeckte Planet, ist so etwas wie eine Anomalie. Seine Helligkeit ist sehr gering, und selbst mit großen Teleskopen läßt er sich nur schwer beobachten. Seine äußerst exzentrische und stark geneigte Umlaufbahn läßt einige Astronomen vermuten, daß er ein „verlorener" Begleiter des Neptun ist. Sein Abstand von der Sonne, der zwischen vier und sieben Milliarden Kilometern schwankt, ist manchmal geringer als der von Neptun, aber nie so klein, daß er sich als gut beobachtbare Scheibe zeigt. Im Sommer 1978 wurde ein etwa 800 km großer Plutomond gefunden.

Die kleinen Himmelskörper

Der Einflußbereich der Sonnengravitation erstreckt sich in alle Richtungen, bis weit über die Bahn von Pluto hinaus. Es gilt als sicher, daß ein solch großer Raum eine riesige Menge an Kleinkörpern enthält, die wir nicht feststellen können. Obwohl nur sehr wenige Kometen mit dem bloßen Auge zu sehen sind, kommen im Verlaufe eines Jahrhunderts etwa tausend der Sonne ziemlich nahe. Ab und zu erregen sie großes Aufsehen, sind aber in Wirklichkeit sehr massearme Gebilde. Ihr leuchtender Schweif entsteht durch die Wieder-Abstrahlung von zuvor absorbiertem Sonnenlicht. Kometen erscheinen als feste Körper, bestehen aber hauptsächlich aus Gas. Die Zahl der Kometen nimmt ständig ab, da fortwährend einige in hyperbolische Bahnen umgelenkt werden

Der Halleysche Komet – der erste Komet, dessen Wiederkehr vorausberechnet wurde – ist schon auf dem Teppich von Bayeux (ca. 110 n. Chr.) eingezeichnet. Hier bei seinem letzten Erscheinen im Jahre 1910. Er wird 1986 wieder auftauchen.

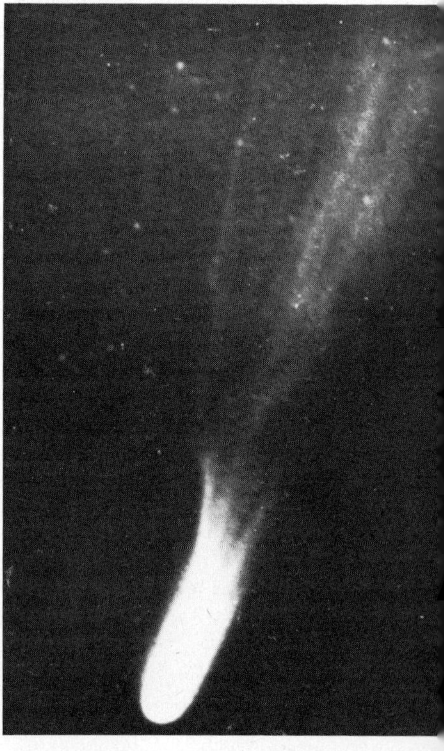

Im Fernrohr ist der Mond ein faszinierendes Objekt. Die meisten Strukturen seiner Oberfläche sind seit Millionen von Jahren unverändert. Noch vor der genauen fotografischen Erkundung, die den bemannten Mondflügen vorausging, war die uns zugewandte Seite des Mondes bekannter als viele Großregionen der Erde. Die Zerklüftung seiner Oberfläche erscheint noch stärker, wenn man die geringe Größe des Mondes im Vergleich zur Erde in Betracht zieht. Die großen Wallebenen sind oft über 100 km lang, mit Bergwänden, die Tausende von Metern hoch sind.

Um ein Modell zu schaffen, das einen richtigen Eindruck der relativen Größen und Abstände von Sonne und Planeten vermittelt, bedarf es einer riesigen Fläche. Der Einfachheit halber zeigt das auf den folgenden Seiten dargestellte Modell des „Sonnensystems“ alle Planeten auf einer geraden Linie und in Entfernungen voneinander, die den Abständen ihrer Umlaufbahnen entsprechen. In Wirklichkeit jedoch befänden sich die Planeten zu einem bestimmten Zeitpunkt an unterschiedlichen Orten auf ihren Bahnen. Selbst in diesem kleinen Modell wäre es dann eine langwierige Angelegenheit, sie alle besuchen zu wollen.

Die Planeten im Vergleich

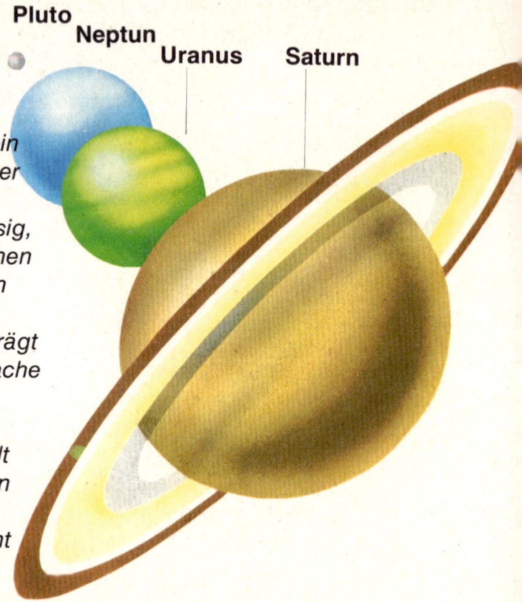

Die Planeten unseres Sonnensystems lassen sich in zwei Klassen unterteilen: die erdähnlichen – von denen die Erde am größten ist – sind klein und sehr dicht; die großen oder jupiterähnlichen sind von viel geringerer Dichte, aber so riesig, daß selbst der kleinste von ihnen die Erde als Zwerg erscheinen läßt. Der Durchmesser des größten Planeten, Jupiter, beträgt am Äquator mehr als das Elffache des Erddurchmessers. Seine Oberfläche ist über 100mal ausgedehnter, sein Rauminhalt macht das 1300fache aus. Von Merkur, dem kleinsten der erdähnlichen Planeten, braucht man sogar 22 000 Exemplare, um Jupiter aufzufüllen.

Tatsächlich ist Jupiter so riesig, daß er alle anderen Planeten zusammengenommen um das Anderthalbfache an Größe übertrifft. Die Differenz der Massen ist noch eindrucksvoller: Jupiter wiegt das $2^1/_2$ fache der übrigen Planeten. Im Vergleich zur Sonne ist er jedoch ein Zwerg: verglichen mit ihr ist Jupiter so klein wie die Erde im Verhältnis zu Jupiter.

Zeichnungen und Modelle des Sonnensystems vermitteln meist nur ungenaue Vorstellungen von den Größenverhältnissen der Planeten und der Sonne: ein Modell kann nicht gleichzeitig

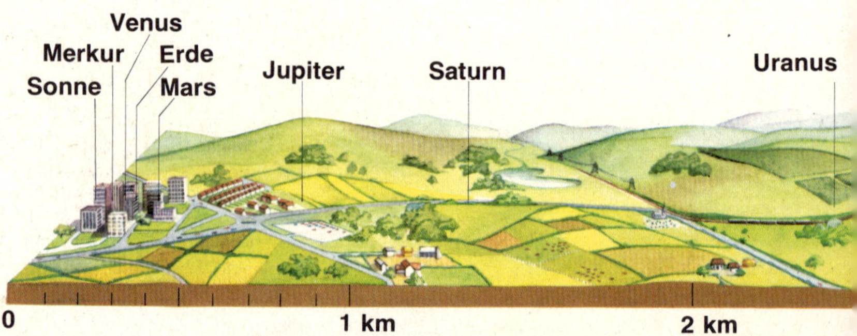

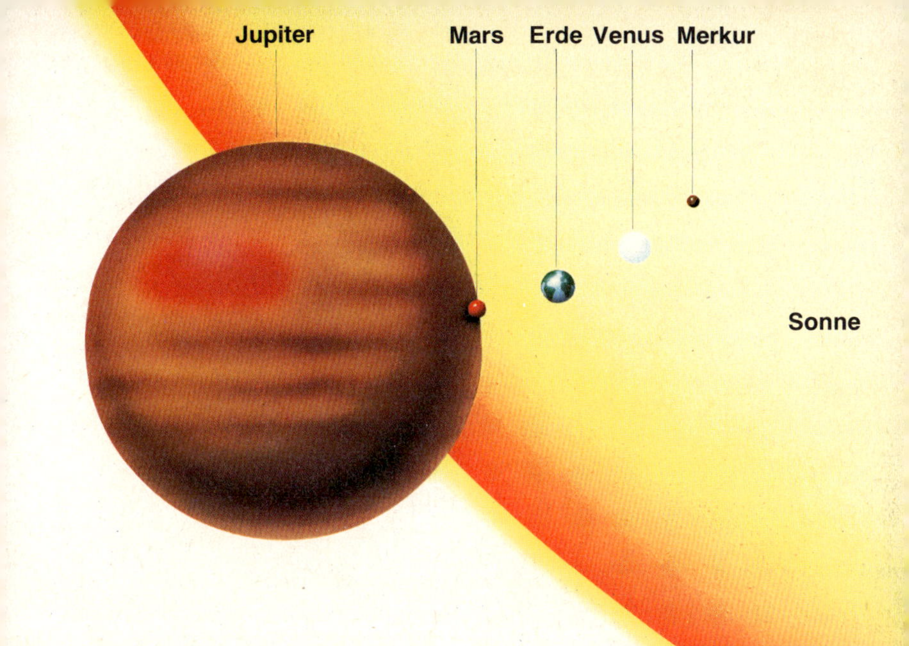

ihre tatsächliche relative Größe und ihre Verteilung im Raum darstellen.
Ein Modell des Sonnensystems kann die Größe der Umlaufbahnen und die Bewegungen der Planeten um die Sonne maßstabsgetreu wiedergeben. Würden auch die Planeten selbst im richtigen Verhältnis nachgebildet, dann wäre Jupiter nur einige hundertstel Millimeter groß, und die Erde würde selbst in einem Mikroskop nur Staubkorn-Größe haben.

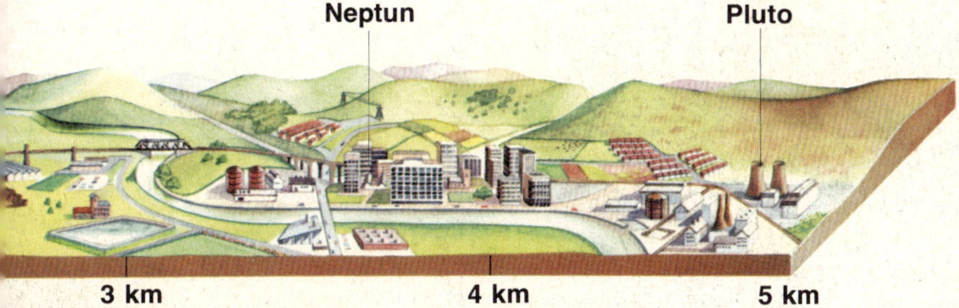

Dieser Krater in Arizona mit einem Durchmesser von 1200 Metern ist eine der besterhaltenen „Narben" jüngeren Ursprungs, die durch den Einschlag eines Meteoriten verursacht wurde.

Selbst die hellsten Meteore wiegen nur wenige Gramm. Nur wenig größere Exemplare verursachen bereits aufsehenerregende „Feuerbälle".

Nahaufnahme des Marsmondes Phobos.

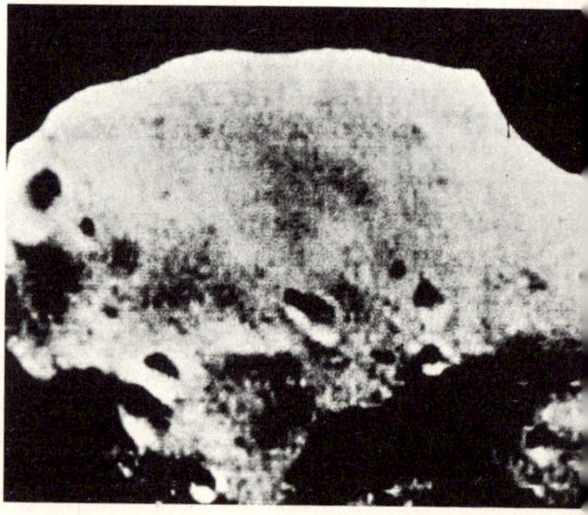

und nicht zur Sonne zurückkehren können. Ihre Gesamtzahl ist unbekannt; Schätzungen reichen von mehreren hunderttausend bis zu zehn Milliarden.

Mit Hilfe der Fotografie hat man einige tausend Asteroiden entdeckt, von denen viele auf stark geneigte Bahnen zwischen Mars und Jupiter kreisen. Die größeren unter ihnen, die schon in einem einfachen Fernrohr zu sehen sind, verdienen den Namen Kleinplaneten. Ceres, Pallas, Vesta und Juno, die vier größten, haben Durchmesser von etwa 1000, 600, 540 und 250 km.

Darüber hinaus findet sich kosmischer ,,Abfall" jeder Größenordnung im näheren Weltraum. Manchmal stürzen große Brocken davon auf die Erde – mit dramatischen Folgen. Man hat sowohl Meteoriten von mehreren Tonnen Gewicht gefunden als auch die Krater, die bei ihrem Einschlag entstanden sind. Viel kleinere Exemplare – selbst solche von nur wenigen hundert Gramm – liefern ein unvergeßliches Schauspiel, wenn sie als ,,Feuerbälle" über den Nachthimmel schießen, weißglühend durch die Reibungshitze auf ihrem Flug durch die Atmosphäre. Die Zahl der Meteore von Sandkorngröße ist immens; die meisten gehen unbemerkt am Tage oder über dünnbesiedelten Gebieten nieder. Wenn sich die Erde durch den dichten Teil der Partikelwolke bewegt, die den großen Kometen folgt, kommt es zu einem regelrechten ,,Sternschnuppen-Regen".

Die kleinsten noch sichtbaren interplanetaren Partikel bilden eine ,,Staubwolke", die unter günstigen Bedingungen nach Sonnenuntergang als Zodiakallicht beobachtet werden kann. Diese linsenförmige Materiewolke erstreckt sich weit über die Erdbahn hinaus, und in seltenen Fällen sieht man sie als ein die gesamte Ekliptik umspannendes Band.

Ein Sturmwind knickte Tausende von Bäumen in einem einzigen Augenblick, als zu Beginn unseres Jahrhunderts in Nordsibirien ein großer Meteorit niederging.

Die Sonne

Die Sonne ist ein ganz gewöhnlicher Stern. Wäre sie so weit von uns entfernt wie viele der helleren Sterne, bliebe sie für das bloße Auge unsichtbar. Dennoch läßt sie alles in ihrer Nachbarschaft winzig erscheinen. Ihr Volumen ist 1,3-Millionenmal so groß wie das der Erde, und ein gutes Tausendstel ihrer Masse

Aus der Atmosphäre der Sonne werden manchmal Protuberanzen wie diese bis zu mehreren hunderttausend Kilometern hochgeschleudert. Sie bestehen aus heißem Wasserstoffgas.

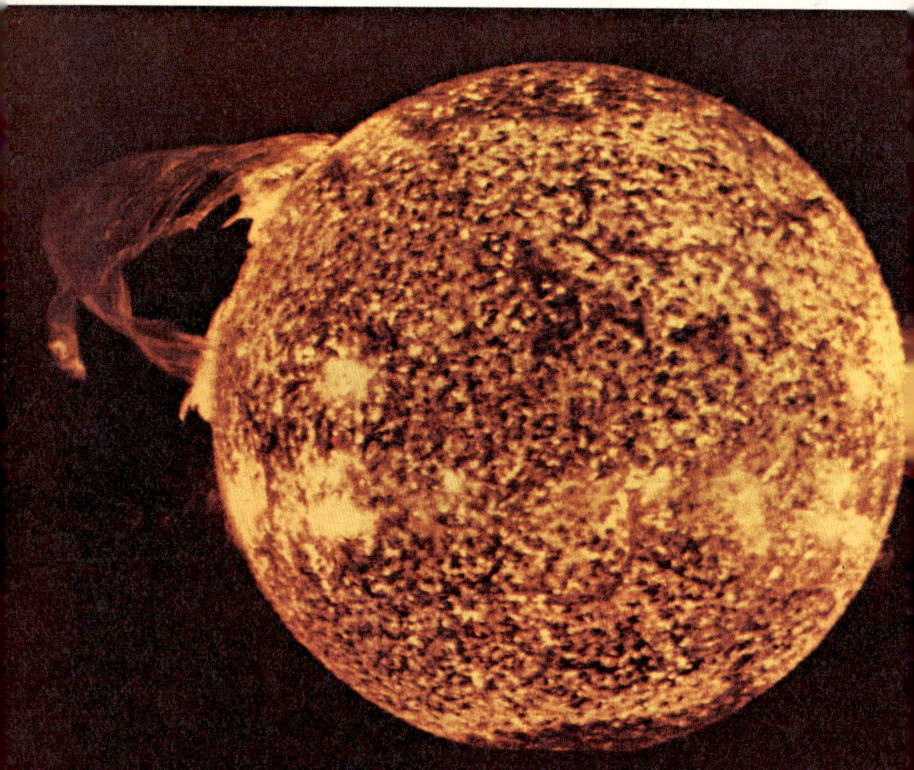

reicht aus, um alle anderen Körper im Sonnensystem aufzuwiegen.
In speziellen Beobachtungsinstrumenten zeigt sich die Sonnenoberfläche als wildbewegter Gas-Ozean, während sie ohne diese Instrumente glatt erscheint. Die Oberfläche, Photosphäre genannt, strahlt gewaltige Energiemengen ab. Alle Planeten zusammengenommen fangen einen nur unbedeutenden Bruchteil davon ein; der Anteil der Erde beträgt nicht mehr als einige Milliardstel.

Sonnenfinsternisse

Bei einer totalen Finsternis zeigt sich, daß die Sonne größer ist, als man gemeinhin vermutet. Wenn der Mond die helle Photosphäre ver-

Die Van-Allen-Gürtel, benannt nach ihrem Entdecker, sind Strahlungszonen, die die Erde umgeben. Sie bestehen aus geladenen Teilchen, die vom Magnetfeld der Erde eingefangen wurden.

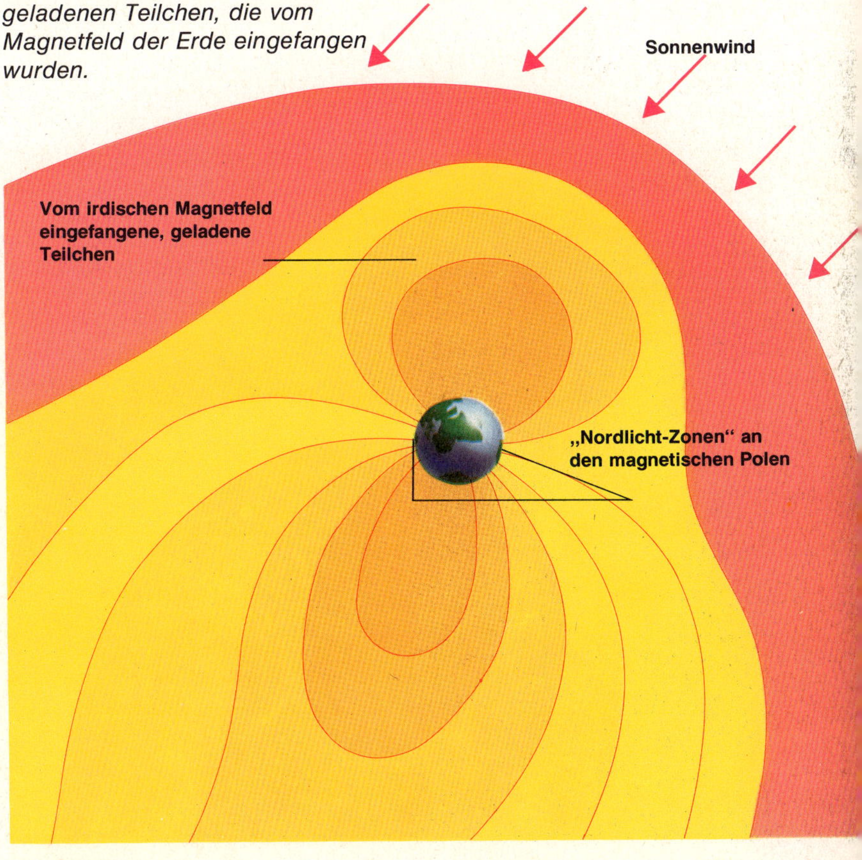

deckt, erscheint eine schwach leuchtende Korona („Kranz“) um die Sonne herum. Sie besteht aus einer ausgedehnten Wolke ionisierter Atome, verschiedenen atomaren Verbindungen und interplanetarem Staub. Bei einer Finsternis wird auch die Atmosphäre der Sonne mit ihren beiden deutlich unterscheidbaren Schichten sichtbar. Die äußere Hülle, Chromosphäre genannt, ist mehrere tausend Kilometer hoch und besteht hauptsächlich aus Wasserstoff und Helium. In Oberflächennähe liegt eine dichtere Schicht, die sich aus vielen gasförmigen Elementen zusammensetzt, einschließlich solcher Schwergewichte wie Nickel und Eisen.

Mit dem bloßen Auge sieht man bei einer Finsternis manchmal rötliche Lichtsäulen, die aus der Chromosphäre herausgeschleudert werden. Mit Spezialinstrumenten lassen sich diese Erscheinungen auch unabhängig von einer Sonnenfinsternis beobachten. Sie wirbeln hin und wieder mehrere hunderttausend Kilometer über die eigentliche Sonnenatmosphäre hinaus.

Die vom irdischen Magnetfeld eingefangenen Sonnenpartikel zeigen sich in der Erscheinung des Nordlichts. Sie sammeln sich an den magnetischen Polen der Erde und erhellen die obere Atmosphäre.

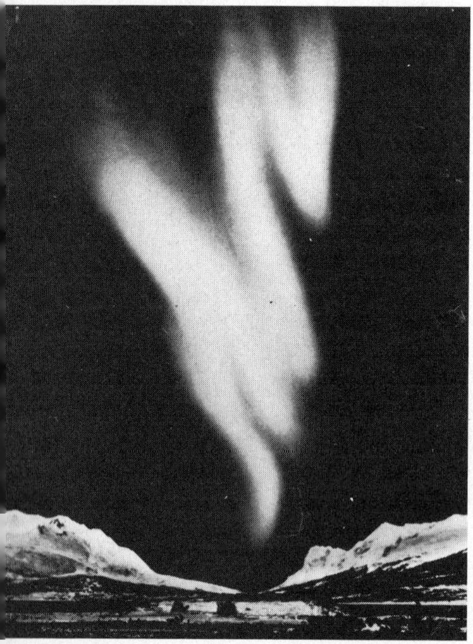

Das Innere der Sonne

Die tiefe Photosphäre und das Innere der Sonne sind unseren Blikken nicht zugänglich, so daß ein Teil unseres Wissens oberflächlich bleiben muß. Trotz ausgedehnter Untersuchungen der Oberflächen-Aktivität kann nur indirekt auf den inneren Aufbau der Sonne geschlossen werden. Die Fortschritte der Atomphysik trugen dazu bei, die vormals geheimnisvolle Energieproduktion zu erklären.

Der wirklich aktive Kern der Sonne besteht wahrscheinlich nur aus einem Achtel des Gesamtvolumens und ist mehrere Millionen Grad heiß. Die Strahlung, die in diesem Atommeiler entsteht, hätte verheerende Folgen, wenn die Erde ihr schutzlos ausgesetzt wäre. Die Strahlen werden jedoch von der immensen sie umgebenden Materiemenge abgeschirmt; die Übertragung der Energie an die strahlende Oberfläche der Sonne ist also ein indirekter Prozeß. Nicht nur wird ein Großteil der wirklich ,,harten" Strahlung absorbiert – die Menge der Materie und die Ausdehnung der äußeren Schicht sorgen auch dafür, daß die Oberfläche relativ wenig bewegt wird und ihre durchschnittliche Temperatur von 6000 °C kaum ändert.

Bei einer totalen Finsternis erscheint die Korona der Sonne. Sie besteht aus äußerst dünn verteilter Materie und ist stellenweise über 1 Million Grad heiß.

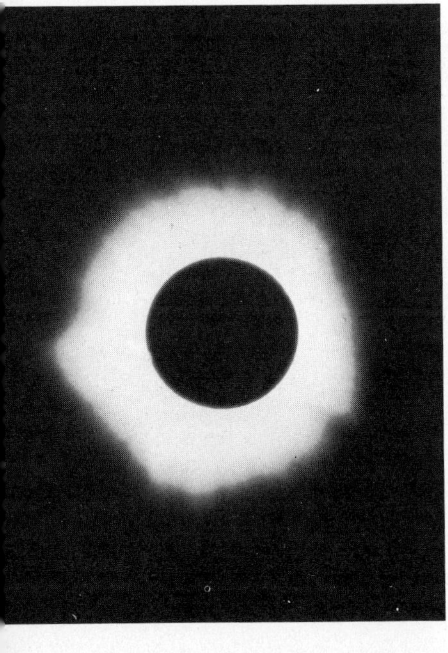

Die Sonne wandelt ihre Materie in Energie um. Der Materialverlust, der bei der Energieabgabe entsteht, beläuft sich auf vier Millionen Tonnen pro Sekunde. Aus irdischer Sicht ist das eine riesige Menge, die sich jedoch in den nächsten drei Milliarden Jahren kaum auf die Beschaffenheit der Sonne auswirken wird. Ihre derzeitige Oberflächentemperatur bleibt vermutlich noch lange Zeit unverändert.

Sonnenflecken

Im Teleskop sieht man Sonnenflecken als schwarze Flächen, die von einem helleren Außenbereich umschlossen werden. Tatsächlich jedoch strahlen sie immens hell, und nur der Kontrast zu der noch helle-

Das Zodiakallicht läßt sich auf der Nordhalbkugel am besten nach Sonnenuntergang im Frühjahr oder vor Sonnenaufgang im Herbst beobachten.

ren Photosphäre läßt sie dunkel erscheinen. Ihr Größenspielraum ist beträchtlich: die kleinsten, die selbst im Fernrohr nur Punkte sind, haben Kerne von einigen hundert Kilometern Durchmesser; die großen erstrecken sich über Tausende von Kilometern und können Gruppen bilden, die mehrere hundert Millionen Quadratkilometer bedecken.
Meist verschwinden die kleinsten Flecken innerhalb von 24 Stunden, die größeren halten sich länger. Mit ihrer Hilfe kann man die Rotationsgeschwindigkeit der Sonne messen: 25,38 Tage. Viele große Flecken überdauern mehr als zwei Rotationen, einige sogar erheblich längere Zeiträume.
Die Sonnenflecken tauchen nicht rein zufällig auf. Ihre Häufigkeit steigt und fällt in einem unregelmäßigen Zyklus, der auch ihre Position beeinflußt. Der Beginn eines Sonnenfleckenzyklus kündigt sich normalerweise durch einige kleine Flecken an, die ungefähr 30 Grad nördlich und südlich des Sonnenäquators auftreten. Häufigkeit und Größe der Flecken nehmen allmählich zu, und die betroffenen Zonen dehnen sich aus. Beim Abklingen des Zyklus werden Flecken in höheren Breiten selten, bis eine kleine Restgruppe in Äquatornähe das nahe Ende des Zyklus anzeigt.
Die Auswirkungen all dieser Erscheinungen auf die Erde sind gering. Nur gelegentlich schickt eine Sonnenfackel einen Elektronenstrom zur Erde, zusammen mit einer Wolke fein verteilter Materie, die von dem „Sonnenwind" getragen wird. Das Magnetfeld der Erde fängt diese Partikel ein und beschleunigt sie, so daß sie Bestandteil des irdischen Strahlungsgürtels werden. Sie erzeugen das eindrucksvolle Nordlicht und rufen im schlimmsten Fall magnetische Stürme hervor, die zeitweilig den Funkverkehr lahmlegen können.

Im Sternbild Orion häufen sich die Nebel. Der „Pferdekopf" besteht aus dunkler Materie, die vor einer hell leuchtenden Gaswolke steht.

Der nächtliche Himmel

Fixsterne sind im Prinzip unserer Sonne ähnliche Himmelskörper. Sie werden nach ihrer jeweiligen Helligkeit eingeordnet. In einer klaren, mondlosen Nacht sind Sterne 6. Größe („Größe" ist eine Bezeichnung für die Helligkeit) gerade noch zu erkennen. Die Sterne der 5. Größenklasse sind ungefähr zweieinhalbmal so hell, Sterne der 4. Größenklasse wiederum zweieinhalbmal heller als die der 5., und so weiter.

Genauer gesagt beträgt der Helligkeitsfaktor einer Größenklasse 2,512, was zwischen Sternen der 1. und 6. Größe eine hundertfache Helligkeitsdifferenz ergibt (die fünfte Wurzel aus 100 ist 2,512).

Einige lichtstarke Sterne übertreffen noch die erste Größenklasse (1); Sirius und Canopus, die beiden hellsten Sterne, werden mit einem Minuszeichen versehen, da sie stärker als Größe 0 leuchten. Mit −1,58 ist Sirius um 7,58 Größenklassen heller als der schwächste noch sichtbare Stern – oder anders gesagt: Sirius leuchtet etwa 1100mal stärker.

Zwei Umstände beeinflussen die

scheinbare Helligkeit eines Sterns: seine wirkliche Leuchtkraft und seine Entfernung. Man sollte meinen, daß die meisten lichtstarken Sterne ihre Helligkeit hauptsächlich ihrer Nähe verdanken. Das ist aber nicht der Fall: unter den 30 Sternen, die wir im Umkreis von 13 Lichtjahren finden, gehören nur drei zu den 30 hellsten.

Die Entfernungen der Sterne

Bei den nahestehenden Sternen lassen sich Meßmethoden anwenden, die mit dem Durchmesser der Erdbahn als Grundlinie arbeiten. Im Prinzip ist diese Methode einfach. Betrachtet man nahe Sterne von gegenüberliegenden Bahnpunkten der Erde – die 300 Millionen km voneinander entfernt sind –, zeigen sie eine leichte Verschiebung (Parallaxe), während ferne Sterne unverändert bleiben. Dieser Effekt macht sich am stärksten bei den nächstgelegenen Sternen bemerkbar und zeigt sich ganz deutlich auf Fotografien, die in sechsmonatigem Abstand von einer Sterngruppe gemacht werden. Der Winkel der Verschiebung verrät, wie groß die Erdbahn von dem angepeilten Stern aus erscheinen würde. Dadurch wird eine Berechnung seiner Entfernung möglich. Die jeweiligen Winkel sind immer so winzig, daß eine genaue Messung nur mit Hilfe komplizierter Methoden möglich ist.

Um weiter entfernte Sterne anzumessen, braucht man eine erheblich längere Grundlinie. Diese wird von der Sonne selbst gebildet, die auf ihrer Reise durch den Weltraum die Erde mit sich nimmt. Zeitlich weit auseinanderliegende Aufnahmen zeigen, daß sich die relativen Posi-

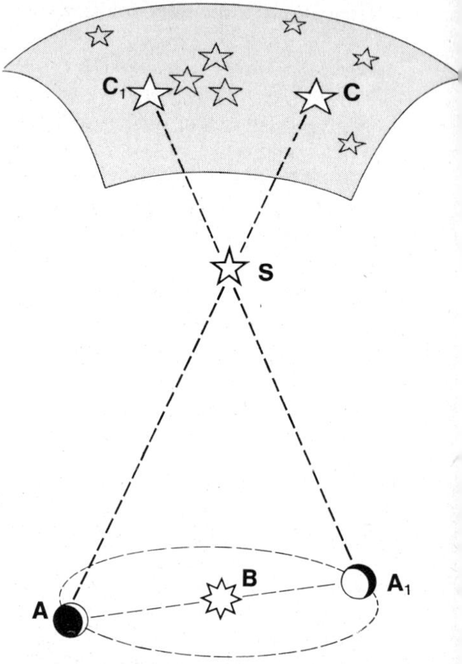

Durch unsere Bewegung um die Sonne (B) scheint sich ein nahegelegener Stern (S) vor dem Hintergrund der weiter entfernten Sterne zu verschieben. Sieht man ihn im März vom Punkt A aus, steht er offenbar bei C und im September (von A_1 aus) offenbar bei C_1. Ist erst einmal der Winkel ASA_1 genau ermittelt, dann läßt sich die Entfernung des Sterns von der Sonne (SB) berechnen. In Astronomischen Einheiten ist sie der reziproke Wert von $\sin {}^1/_2\, ASA_1$.

tionen vieler Sterne merklich geändert haben. Einige dieser Verschiebungen lassen deutlich die Bewegungsrichtung der Sonne durch das Weltall erkennen: die Sterne vor der Sonne scheinen sich auf uns zuzubewegen und auseinanderzurükken. In der entgegengesetzten Richtung läßt sich der umgekehrte Effekt beobachten: die Sterne rücken scheinbar näher zusammen. Vergleicht man die Positionsänderungen der Sterne auf Fotografien, die zu unterschiedlichen Zeitpunkten gemacht wurden, läßt sich sowohl die Geschwindigkeit der Sonne berechnen als auch die Entfernung, die sie im Laufe einiger Jahre zurücklegt. Da die Sterne sich ihrerseits auch bewegen, wird die Auswertung zu einer schwierigen Rechenoperation, deren Resultate jedoch äußerst aufschlußreich sind.

Diese Bewegung durch den Weltraum verrät nicht nur die relativen Entfernungen vieler Sterne. Sie läßt auch erkennen, daß ganze Gruppen von Sternen durch ihre Anziehungskraft miteinander verbunden sind, denn sie bewegen sich gemeinsam durch das All. Die meisten Doppelsterne verhalten sich so, aber einige streben mit unterschiedlichen Geschwindigkeiten in verschiedene Richtungen: ihre scheinbare Nähe ist also nur eine optische Täuschung.

Auch ganze Sternhaufen bewegen sich im „Gravitations-Verbund“. Innerhalb dieser Zusammenballungen

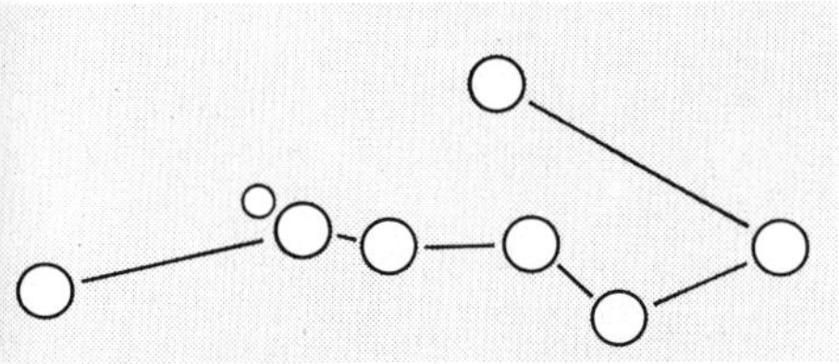

Die Positionen der Sterne sind nicht unveränderlich. Das Bild zeigt den Großen Wagen, wie er für den frühzeitlichen Menschen aussah.

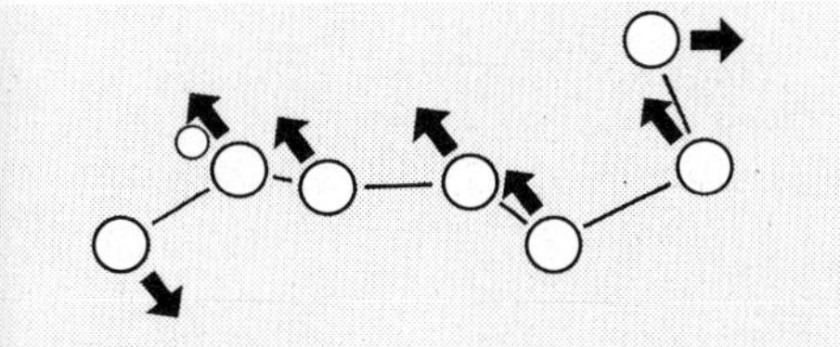

Der Große Wagen ist eines der bekanntesten Sternbilder am Nordhimmel. So sieht er heute aus. Aber einige Sterne bewegen sich aus der Konstellation heraus.

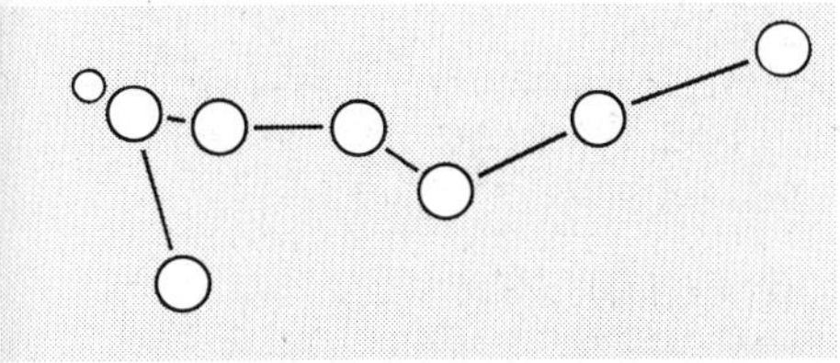

In 20000 Jahren wird sich der Effekt dieser Bewegungen deutlich zeigen. Dann muß der Große Wagen umbenannt werden.

lassen sich Sterne, die nicht zu dem Haufen gehören, ohne weiteres ausfindig machen. Eines der bekanntesten Beispiele für den Langzeiteffekt der Eigenbewegung ist die sich allmählich wandelnde Gestalt des Großen Wagens im Sternbild des Großen Bären. Einige seiner Sterne gehören zusammen und bewegen sich gemeinsam durch den Raum, während sich die übrigen aufgrund ihrer Bewegungsrichtungen und Geschwindigkeiten als ,,Eindringlinge" zu erkennen geben. Daraus

Die hier dargestellte ,,Lichtkurve" zeigt, wie sich ein Einzelstern von der Kante gesehen als Doppelstern entpuppt:
1. Beide Sterne sichtbar (Helligkeitsmaximum).
2. Der helle Stern bedeckt den lichtschwächeren im Vorübergehen teilweise (sekundäres Minimum).
3. Nach der Bedeckung (wieder Helligkeitsmaximum).
4. Bedeckung des kleinen hellen Sterns (Helligkeitsminimum).

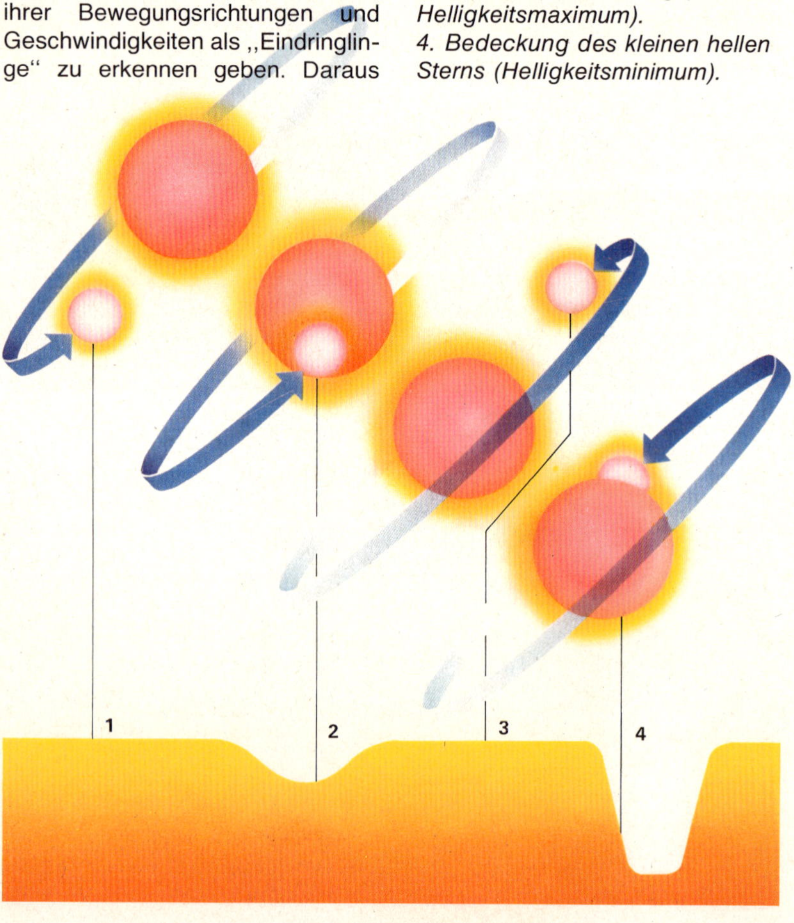

folgt, daß sich die Gestalt der gesamten Konstellation vollkommen verändern wird.

Veränderliche Sterne

Einige Sterne ändern ihre Helligkeit, weil sie in Wirklichkeit Doppelsterne sind. Wir sehen ihre Umlaufbahnen von der Kante, so daß der eine Stern den anderen periodisch bedeckt. Die Helligkeitsschwankungen des „Teufelssterns" Algol, einem solchen Doppelsystem, kann man mit bloßem Auge wahrnehmen.

Viele andere Sterne ändern ihre Leuchtkraft aufgrund innerer Vorgänge; Periode und Ausmaß der Veränderung können äußerst regelmäßig sein, lassen sich aber bei vielen Sternen nicht vorhersagen. Die Gesamtzahl der Veränderlichen ist immens; allein im Sternbild Cy-

Sirius B, der zuerst entdeckte Weiße Zwerg, ist winzig: er umfaßt nur rund 35 Erdvolumen, hat jedoch die Masse der Sonne.

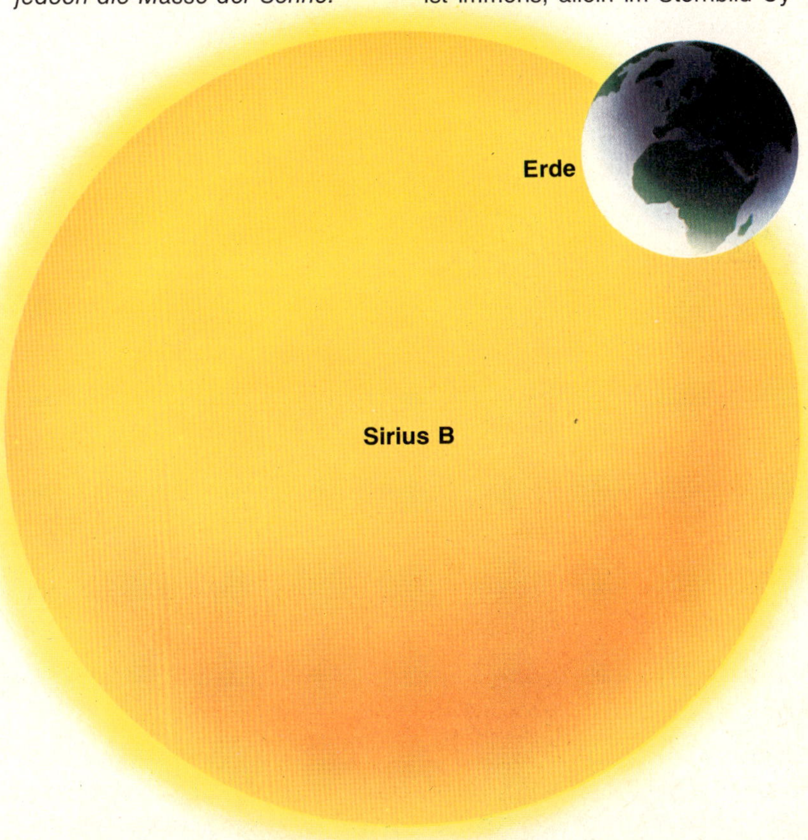

gnus gibt es über 300. Dabei gilt den Cepheiden das besondere Interesse der Astronomen, denn die Perioden ihres Helligkeitswechsels stehen in direkter Beziehung zu ihrer Leuchtkraft: die hellsten haben die längste Periode. Findet man einen Cepheiden, so kann man mit der erwähnten Beziehung seine Entfernung berechnen. Seine Schwankungen teilen den Astronomen mit, wie hell er erscheinen würde, wenn nicht die Entfernung dazwischen läge.

Weiße Zwerge

Bei zwei Sternen, die aufgrund ihrer gegenseitigen Anziehungskraft ein System bilden, lassen sich oft die relativen Abweichungen von der Bahn ihres gemeinsamen Schwerkraftzentrums messen. Diese Methode erlaubt es, auf ihre relativen Massen zu schließen, und nicht selten zeigt sich, daß die beiden Sterne von ganz unterschiedlicher Beschaffenheit sind. Bewegt sich ein Stern auf einer gekrümmten Bahn, so verrät dies einen unsichtbaren Begleiter. Eine ebensolche Bahn führte bei Sirius zu der Entdeckung eines Begleitsterns, der sich als bislang unbekannter Sterntyp erwies.

Obwohl er fast die Hälfte der Masse von Sirius hat, ist Sirius B ein sehr lichtschwaches Objekt. Sein Spektrum zeigt jedoch eine Oberflächentemperatur von rund 8000 °C an – er strahlt also erheblich heller als die Sonne. Seine schwache scheinbare Helligkeit (die Helligkeit, wie sie einem Beobachter auf der Erde erscheint) läßt auf seine geringe Größe schließen: weniger als $^1/_{30}$ des Sonnendurchmessers. Masse und Volumen deuten auf eine fast unglaubliche Dichte hin: das 36000fache der Sonnendichte. Ein einziger Kubikzentimeter seiner Materie wiegt demnach rund 330 Pfund.

Seitdem hat man weitere „Weiße Zwerge" entdeckt, manche erheblich dichter und kleiner als Sirius B. Trotz ihrer Dichte sind sie vollkommen gasförmig und bestehen wohl größtenteils aus stark ionisierten Atomen, von denen nur noch die Kerne und einige innere Elektronen übrig sind. Im Vergleich zu vollständigen Atomen nimmt diese entartete Materie nur sehr wenig Raum ein. Sie ist viel dichter zusammengepreßt, läßt aber den einzelnen Teilchen noch Bewegungsspielraum.

Rote Riesen

Das Spektrum von einigen hellen Sternen verrät, daß sie viel kälter als die Sonne sind. Man erkennt sie nachts an ihrem rötlichen Licht. Die niedrige Temperatur reduziert ihre Lichtemission pro Quadratzentimeter, doch lassen ihre Entfernungen auf eine Leuchtkraft schließen, die weitaus größer ist als die der Sonne. Aldebaran, das Auge des Stiers im gleichnamigen Sternbild, und Beteigeuze, einer der Schultersterne des Orion, sind gute Beispiele für die Klasse der „Roten Riesen". Dazu gehört auch Antares, der wegen seines rötlichen Lichts oft für den Planeten Mars gehalten wurde.

Obwohl seine Oberflächentemperatur nur 3000 °C beträgt, sendet Aldebaran als der kleinste der genann-

ten drei Roten Riesen 120mal mehr Licht aus als die Sonne. Zwar hat er nur die vierfache Sonnenmasse, füllt aber aufgrund seiner äußerst geringen Dichte den 216000fachen Rauminhalt aus. Beteigeuze leuchtet noch heller, obwohl er kühler und mit 650 Lichtjahren rund zehnmal weiter entfernt ist. Seine starke Leuchtkraft ist auf seine Größe zurückzuführen.
Antares ist noch extremer. Seine Temperatur entspricht der von Beteigeuze, doch er strahlt 4000mal mehr Licht ab als die Sonne. Stünde er im Zentrum unseres Systems, dann würde er nicht nur die Erd-, sondern auch die Marsbahn großräumig umfassen.

Novae

Eine Nova ist ein Stern, der plötzlich aufflammt. Novae sind helleuchtende Objekte, die manchmal mit dem bloßen Auge zu sehen sind. Zu ihnen zählt Nova Aquilae, ein Stern 11. Größe. Im Jahre 1918 ließ ihn ein Lichtausbruch fast so hell wie Sirius scheinen: innerhalb einiger Tage stieg seine Leuchtkraft auf das 70000fache. Wie es typisch ist für diese Nova-Sterne, nahm danach seine Helligkeit wieder rapide ab.

Bevor der Stern Nova Aquilae im Jahre 1918 ausbrach, war er 250mal schwächer als der schwächste noch sichtbare Stern.

Plötzlich strahlte er um ein Hundertfaches heller und erhöhte seine Leuchtkraft innerhalb einer halben Stunde noch einmal um die Hälfte.

In seinem Maximum leuchtete er 100000mal heller als sonst. Dann flaute er schnell wieder auf seinen Normalzustand ab.

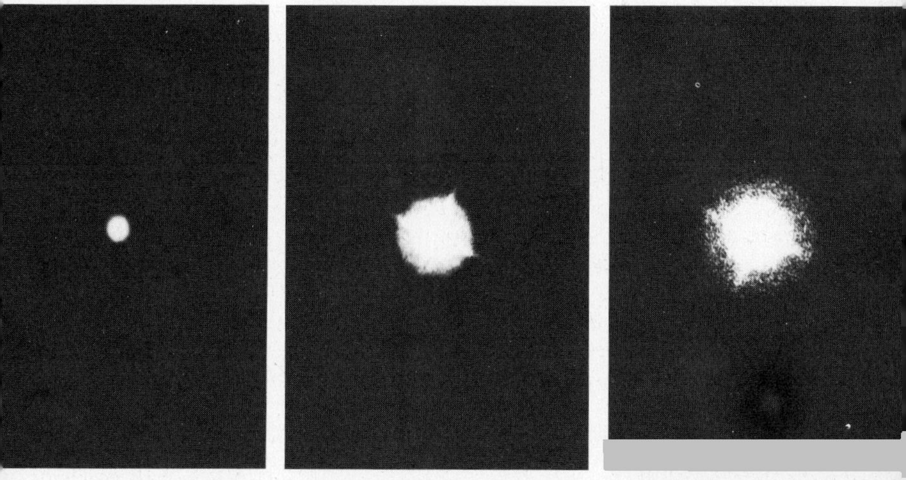

Einen knappen Monat nach seiner Entdeckung leuchtete er nur noch mit weniger als einem Prozent seines Helligkeit-Maximums und ließ sich nach sieben Monaten nicht mehr ohne Teleskop ausfindig machen. Ein anderer Stern, Nova Persei, flackerte in hundert Tagen zwei dutzendmal um eine ganze Größenklasse und flaute dann stetig ab.

Sicher ist, daß diese Vorgänge durch heftige Materieausbrüche des Sterns verursacht werden. Das beweist nicht nur das Spektrum; auf Fotografien zeigt sich manchmal eine Gashülle, die sich rapide ausdehnt. Nova Aquilae stieß zwei Gaswolken aus, die sich mit rund 220 und 170 km/sec ausbreiteten. Genaue Messungen der expandierenden Gashüllen ermöglichten die

Mit 400 Millionen Kilometern Durchmesser zählt Beteigeuze zu den kleineren Roten Riesen, doch würde er sich weit über die Erdbahn hinaus erstrecken.

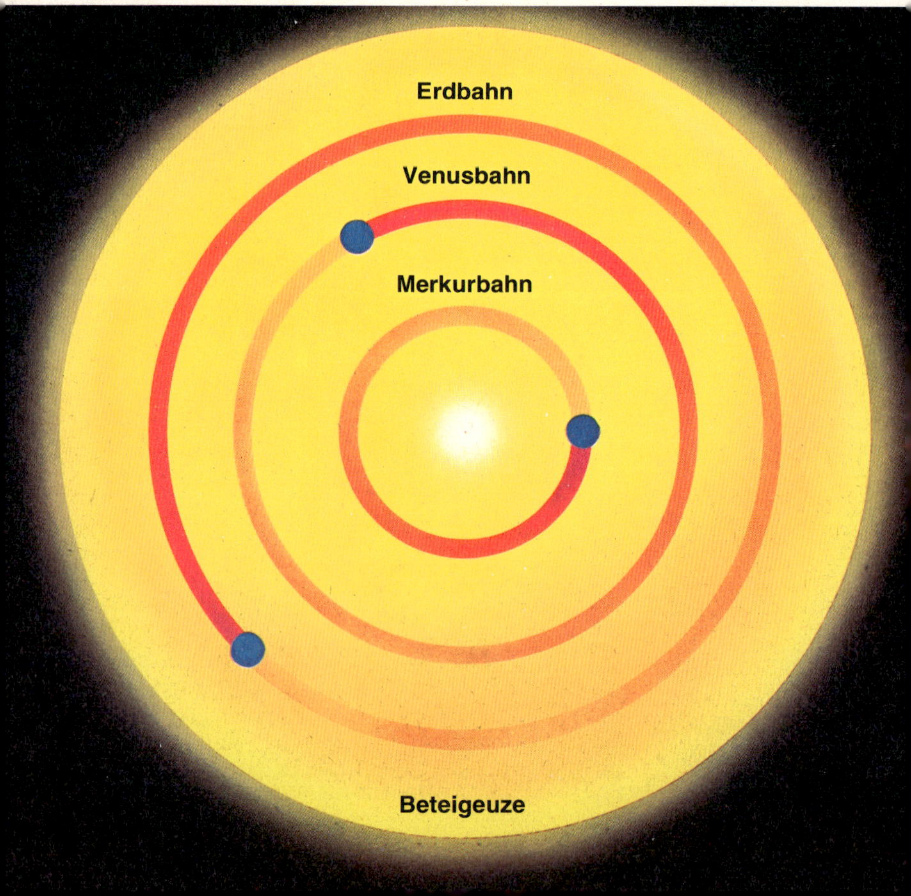

Berechnung der Entfernung: 1200 Lichtjahre. Nova Aquilae hat bei ihrem Maximum vermutlich an einem einzigen Tag mehr Licht und Hitze abgegeben, als die Sonne in 800 Jahren.

Supernovae

Wenn ein Stern zur Supernova wird, geschieht etwas völlig anderes. In unserer Galaxis haben wir in den letzten dreieinhalb Jahrhunderten keine solche Katastrophe beobachten können. Das plötzliche Auftauchen eines Sterns am Taghimmel kurz vor der Erfindung des Fernrohrs war offenbar eine Supernova, genau wie der Ausbruch, der von chinesischen Astronomen im Jahre 1054 n. Chr. aufgezeichnet wurde. Diese Supernova war drei Wochen lang tagsüber und noch zwei Jahre danach am Nachthimmel zu beobachten. Ihre Position wird heute von dem Crabnebel angezeigt, einer riesigen, heftig wirbelnden Explosionswolke aus Gas, in deren Zentrum ein Pulsar steht – ein extrem dichter Stern, der sehr schnell rotiert.

Die Milchstraße: Größe, Bewegung, Entwicklung

Unsere Galaxis besteht aus zwei unterschiedlichen, aber zusammengehörigen Teilen. Ihre Kernregion ist eine linsenförmige Sternwolke, die von einem viel flacheren, ausgedehnten Gebiet aus Sternen, Staub und Gas umgeben ist. Von einem weit entfernten Punkt im Weltraum aus betrachtet, würde diese Region in Seitenansicht als mehr oder weniger gleichmäßige Scheibe erscheinen; von „oben" gesehen ließen sich dann mehrere spiralförmige Arme mit unterschiedlichen Sternkonzentrationen erkennen.

Der Durchmesser des gesamten Systems beträgt rund 100 000 Lichtjahre. Die Sonne befindet sich am Innenrand eines der Spiralarme, etwa 30 000 Lichtjahre vom galaktischen Zentrum entfernt.

Die Eigenbewegungen der Sterne lassen erkennen, daß die Galaxis als Ganzes um ihren Kern rotiert. Die Umlaufzeit der Sonne um dieses Zentrum kann aus der Entfernung der Sonne zum Kern und ihrer Bewegungsgeschwindigkeit berechnet werden: wir brauchen rund 220 Millionen Jahre, um eine Reise um die Galaxis zu vollenden. Die Gesamtmasse unserer Milchstraße wird mit Hilfe der Sonne geschätzt und scheint bei einer Größenordnung von 200 Milliarden Sonnenmassen zu liegen.

Die Sterne im verdichteten Zentrum gehören einem anderen Sterntypus an als die der äußeren Spiralscheibe. In der großen Zusammenballung aus Sternen, die das Zentrum der Galaxis bildet, finden sich weder der Staub noch das Gas der äußeren Bezirke. Die Urwolke, aus der sich die Galaxis formte, muß sich – aufgrund der gegenseitigen Anziehung ihrer Partikel – in ihrem Zentrum zusammengeballt haben. Hier vollzog sich eine rapide Sternentwicklung, so daß die Sterne älter als die sein müssen, die sich aus der dünner verteilten Materie der äußeren Scheibe bildeten.

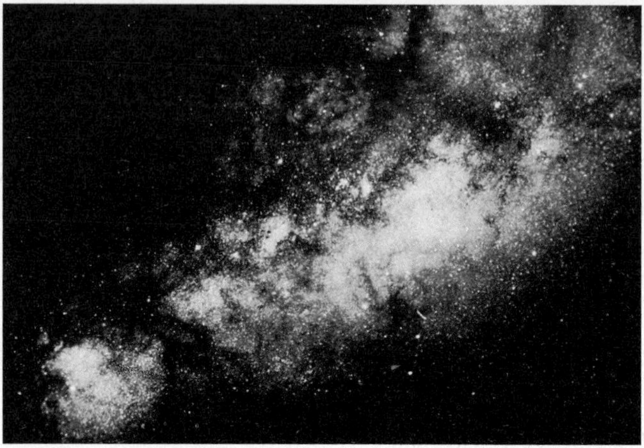

Aufnahmen der Milchstraße im Sternbild Sagittarius, wo das galaktische Zentrum liegt, zeigen dichte Sternzusammenballungen. Ihre bloße Anzahl läßt die Sterne fälschlicherweise übermäßig gedrängt erscheinen. Das Bild käme der Realität näher, wenn es tausendfach vergrößert würde, ohne die Punkte der Sterne mitzuvergrößern.

In Regionen, die der Umgebung der Sonne gleichen, zeigen sich Konzentrationen von unverdichtetem Gas als helle und dunkle Nebel. Von einigen leuchtenden Gaswolken nimmt man an, daß sie Geburtsstätten von Sternen sind – wie der Große Orionnebel. Der Staub, der weite Teile unserer Galaxis verdeckt, wird allmählich verschwinden, indem er sich entweder zu neuen Sternen verdichtet oder von bereits bestehenden Sternen eingefangen wird.

Riesen und Zwerge

In den beiden sehr unterschiedlichen Milieus des galaktischen Kerns und der Spiralarme befinden sich auch unterschiedliche Sterntypen. Dies wird bei der Untersuchung von Sternen aus beiden Umgebungen deutlich. Zeichnet man ein Diagramm der sogenannten Population-I-Sterne in den Spiralarmen, in dem ihre Temperatur und ihre Leuchtkraft eingetragen wird, dann bilden die meisten eine durchgängige Reihe. Die Position eines Sterns auf dieser Hauptreihe bleibt lange Zeit erhalten. Links oben auf der Reihe stehen die blauweißen Sterne, in der Mitte die sonnenähnlichen und rechts unten die roten Zwergsterne. Die Weißen Zwerge lassen sich nicht einordnen. Man nimmt an, daß sie den Höhepunkt ihrer Entwicklung längst überschritten haben.

Ein anderer Typ von Sternen, die Überriesen, zu denen der helle, bläuliche Rigel im Orion zählt, weist fast alle Spektralklassen auf. Diese Sterne haben riesige Massen und ihre Leuchtkraft, die das 15000- oder 18000fache der Sonne betragen kann, macht sie über weite Entfernungen hinweg sichtbar. Diese Sterne wandeln so rasch Materie in Energie um, daß sie trotz ihrer Masse nicht lange existieren können.

Das Leben eines Sterns

Sterne entstehen meist in Gruppen. Aus einer Gaswolke ballen sich unter dem Einfluß der Schwerkraft einzelne Teile zusammen. Je mehr Masse ein solcher junger Stern hat, um so schneller verdichtet er sich. Die Kontraktion ist dann beendet, wenn der innere Gasdruck des Sterns seine Schwerkraft ausgleicht. Durch das Zusammenballen des Gases erhöhen sich dessen Zentraltemperaturen, bis atomare Kernprozesse in Gang kommen. Ab etwa fünf Millionen Grad beginnt das sogenannte Wasserstoff-Brennen: der Stern leuchtet und ist Mitglied der Hauptreihe, wo er den größten Teil seines Lebens verbringt.

Wenn der Wasserstoff im Kern verbraucht ist, stürzt dieser in sich zusammen. Je massereicher ein Stern ist, desto schneller wird dies geschehen. Bei dem Kollaps steigen die Temperaturen enorm an, und der Stern bläht sich zum Roten Riesen auf – ein Schicksal, das unsere Sonne vermutlich in 3,5 Milliarden Jahren ereilen wird.

Nach einer verhältnismäßig kurzen Zeit als Roter Riese wird der Stern vollkommen instabil und explodiert als Nova oder Supernova. Danach schrumpft er auf ein dichtes „Massepaket" zusammen, das drei mögliche Formen annehmen kann.

1. **Weiße Zwerge** entstehen meist aus masseärmeren Sternen. Auch unsere Sonne könnte so enden.
2. **Neutronensterne** (Pulsare) bilden sich nach dem Supernova-Ausbruch von massereicheren Sternen.
3. **Schwarze Löcher** entstehen durch den Kollaps der massereichsten Sterne.

Jenseits der Milchstraße

Unsere Heimatgalaxis wird von über hundert im Raum verteilten Kugelsternhaufen umkreist. Einige von ihnen – die nächsten extragalaktischen Objekte – zeigen sich dem bloßen Auge als schwache, diffuse Lichtflecken.

Obwohl sie sich außerhalb bewegen, befinden sie sich im Anziehungsbereich der Galaxis und verhalten sich wie kleine, begleitende Sub-Systeme aus Sternen. Aus ihren Entfernungen kann man schließen, daß ihre Umläufe um die Galaxis meist mehrere hundert Millionen Jahre dauern.

Der nächste und hellste Kugelsternhaufen befindet sich in etwa 12000 Lichtjahren Entfernung und ist auf der südlichen Hemisphäre als Omega Centauri, ein Objekt 4. Größe zu sehen. Der bekannteste Kugelhaufen auf der nördlichen Hemisphäre ist M 13 im Sternbild Herkules.

Die Zahl der Sterne in den größeren und dichten Haufen ist mit fotografischen Methoden nur schwer zu bestimmen: bei den langen Belichtungszeiten, die man für die schwächeren Sterne braucht, verschmelzen die dichtgeballten Sterne der Zentralregionen zu einer Lichtscheibe. Jedoch läßt sich ihre ungefähre Anzahl mit Hilfe der bekannten Entfernungen und der Gesamthelligkeit erschließen.

In einem Kugelhaufen

Die tatsächliche Leuchtkraft der größten Haufen ist millionenfach stärker als die der Sonne. Daraus schließen die Astronomen, daß ein solcher Kugelhaufen wahrscheinlich aus mehreren hunderttausend Sternen besteht. In der Nachbarschaft unseres Sonnensystems finden sich auf gleichem Raum nur wenige tausend Sterne.

Die Verhältnisse in einem Kugelhaufen gleichen demnach eher dem Kern unserer Galaxis als den außenliegenden Spiralarmen, wo sich die Sonne befindet. Auch unterscheiden sich die Sterne von denen unserer Umgebung. Die hellsten Sterne in Kugelhaufen, die bis zu 1500mal kräftiger strahlen als die Sonne, sind kühle Rote Riesen. Die blauen, heißen Sterne sind alle lichtschwach.

In den Kugelhaufen sind bereits mehr als tausend Veränderliche untersucht worden. Sie stellten sich in den allermeisten Fällen als pulsierend Veränderliche heraus, ähnlich den Cepheiden, jedoch mit Perioden von weniger als einem Tag. Sie strahlen alle mit vergleichbaren Hel-

Die 200 Milliarden Sterne unserer Galaxis bilden ein scheibenförmiges System von etwa 10000 Lichtjahren Tiefe und 100000 Lichtjahren Durchmesser. Die Sonne (A) steht etwa 30000 Lichtjahre vom Zentrum entfernt.

A
A

Jeder der über hundert Kugelsternhaufen enthält bis zu mehreren hunderttausend Sternen. Aufgrund ihrer weiten Entfernung sind diese Objekte ohne Fernrohr kaum zu sehen.

ligkeiten, etwa 100mal stärker als die Sonne. Von 100 periodisch und halbregelmäßig Veränderlichen flackert etwa die Hälfte mit Perioden von 1–40 Tagen.

In den Kugelhaufen wurden insgesamt nur drei Bedeckungsveränderliche gefunden. Das läßt darauf schließen, daß unter den gedrängten Verhältnissen der galaktischen Kernregion stabile Doppel- und Mehrfachsysteme äußerst selten sind.

Die Magellanschen Wolken

Am Himmel der Südhalbkugel stehen zwei Objekte, die wie kleine, abgespaltene Teile der Milchstraße aussehen: die Große und die Kleine Magellansche Wolke. Sie sind zwei offene Systeme und mit Entfernungen von 150000 und 170000 Lichtjahren die uns nächsten Galaxien.

Obwohl sie sich in viel größeren Abständen befinden als die gut sichtbaren Teile der Milchstraße, hat man ihre Entfernung genau ermittelt, denn sie sind immerhin nah genug, daß man viele ihrer Sterne im Detail untersuchen kann. Durch die Entdeckung einer großen Anzahl heller Cepheiden in der kleinen Wolke – die, relativ gesehen, alle fast gleich weit entfernt sind – fand man heraus, daß alle Cepheiden einer bestimmten Helligkeit im selben Rhythmus pulsieren. Mit dieser Beziehung zwischen Leuchtkraft und Periodenlänge läßt sich die Entfernung aller Cepheiden leicht ermitteln. Die Bestimmung der Periode verrät die tatsächliche Leuchtkraft – jede Verdoppelung der Entfernung vermindert die scheinbare Helligkeit um 75 Prozent.

Für die Astronomen gibt es kaum einen genaueren „Meilenstein" im All, als das Pulsieren eines Cepheiden: es gleicht einer Erkennungsmarke, an der sich die Energie des Licht-Senders ablesen läßt. Leuchtet der Cepheide trotz einer hohen Energie-Anzeige nur schwach, dann ist der Grund dafür seine große Entfernung oder interstellare Materie – oder beides.

Aufnahmen von Sternwolken (S. 55) verleiten zu der Annahme, daß bei der Kollision zweier Galaxien viele Sterne aufeinanderprallen. Auf diesen Fotografien erscheinen jedoch

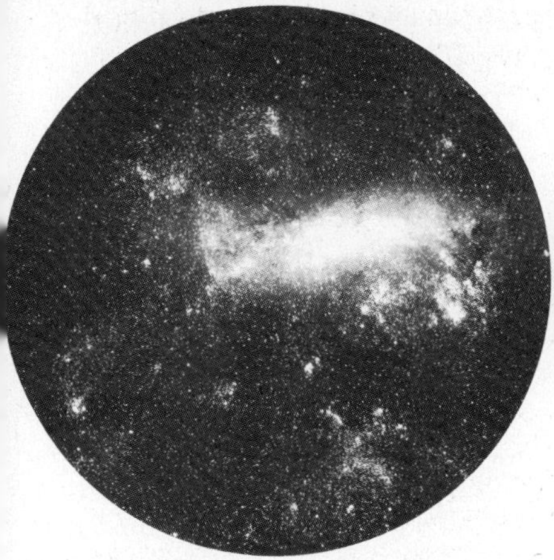

Dem bloßen Auge erscheint die Große Magellansche Wolke wie ein abgetrenntes Stück der Milchstraße. Sie ist ein eigenständiges Sternsystem, rund 180 000 Lichtjahre von uns entfernt.

Auch die Kleine Magellansche Wolke ist ein eigenes System – eines der wenigen, dessen Sterne wegen seiner Nähe einzeln untersucht werden können.

die Sterne im Vergleich zu dem Raum, den sie einnehmen, viel zu groß. Die weißen Punkte sind keine getreuen Abbilder der Sterne, sondern lediglich Aufzeichnungen des von ihnen empfangenen Lichts. Selbst wenn diese Sterne erheblich größer als die Sonne wären, bestände kein Platzmangel. Die mittlere Distanz zwischen Sternen beträgt etwa ein Lichtjahr, also rund 10 Billionen km.

Um die eigentliche Leere des Weltraums zu verstehen, verkleinern wir alles auf einen Maßstab von 1 cm:2,5 Millionen km. Ein Durchschnitts-Stern schrumpft dann auf Erbsengröße und sein maßstäblicher ,,Raumanteil" beträgt etwa 33 000 km^3. In unserer eigenen galaktischen Nachbarschaft ist die Populationsdichte noch viel niedriger. Aus diesen Gründen gehören Stern-Kollisionen wohl zu den seltensten Ereignissen im Universum. Die Chance, einen Zusammenstoß oder seine Auswirkungen in den zur Zeit sichtbaren Galaxien zu entdekken, ist deshalb äußerst gering.

Der Andromeda-Nebel und die Lokale Gruppe

Die Andromeda-Galaxie (M 31) ist ein gut erkennbares Objekt am Nordhimmel, obwohl sie 2,2 Millionen Lichtjahre entfernt ist. In einem Fernglas fällt sie in einer dunklen und klaren Nacht sofort auf. Was

man von ihr sieht – selbst durch große Teleskope – ist nichts anderes als das Strahlen der Milliarden Sterne ihres Kerns.
Auf Fotografien zeigt sich, daß sie zwar größer ist als unsere Galaxis, aber viele Ähnlichkeiten aufweist. Sie führt nicht nur ihre eigene Wolke aus Kugelhaufen mit sich; in ihren Spiralarmen finden sich auch die gleichen hellen und dunklen Nebel und Sternhaufen wie in der Milchstraße. Wie unsere Heimatgalaxis, so hat auch der Andromeda-Nebel eine beträchtliche Anzahl von Cepheiden, und die Zentralregion enthält ein Übermaß an roten Riesensternen.
In der Nähe dieser gigantischen Galaxie und in etwa derselben Entfernung befinden sich zwei kleine Begleiter – elliptische Galaxien ohne Spiralarme, die wie übergroße Kugelhaufen aussehen.
In einem Radius von etwa zwei Millionen Lichtjahren hat man bislang insgesamt etwa 20 Galaxien von unterschiedlicher Beschaffenheit und Größe entdeckt. Sie bilden die sogenannte „Lokale Gruppe". Ähnliche Gruppen sind in erheblich größeren Abständen zu finden.
Diese Gruppierungen existieren tatsächlich und sind keine optischen Täuschungen. Einige Galaxien sind durch eine Brücke aus kosmischer Materie über Hunderttausende von Lichtjahren miteinander verbunden.

Galaxienhaufen

Noch tiefer im All befinden sich nicht nur Gruppen, sondern ganze Haufen von Galaxien. Einige enthalten mehrere hundert Systeme unterschiedlichster Beschaffenheit, die sich aber alle in etwa derselben Entfernung befinden. Ein bekanntes Beispiel ist die Anhäufung von mehreren hundert Galaxien im Sternbild Virgo, durchschnittlich 13 Millionen Lichtjahre von uns entfernt. Verglichen mit den extrem weit entfernten Objekten, mit denen sich die heutige Astronomie in der Hauptsache befaßt, ist dieser Haufen sehr nah. Dennoch ist seine Entfernung so groß, daß sie mehrere verschiedene Meßmethoden erfordert.
Glückllicherweise sind die fernen Galaxien mit einer Art kosmischem Etikett versehen, das ihre tatsächliche Distanz angibt. Ihre Spektrallinien zeigen eine deutliche Verschiebung zum roten Ende der Skala hin. Bei relativ nahen Galaxien ist diese Rotverschiebung sehr gering, verstärkt sich aber mit wachsender Entfernung. Verwendet man die Rotverschiebung als Maß für die Geschwindigkeit, dann zeigt sich, daß alle Galaxien fortstreben, und

Der Andromedanebel (M 31) ist noch größer als unsere Heimatgalaxis. Er ist über 2 Millionen Lichtjahre entfernt und noch gerade für das bloße Auge sichtbar. M 31 gehört zum selben Galaxien-Typ wie unsere Milchstraße, hat helle und dunkle Nebel, Kugelsternhaufen und „galaktische" Sternhaufen sowie eine große Zahl von Überriesen und Veränderlichen.

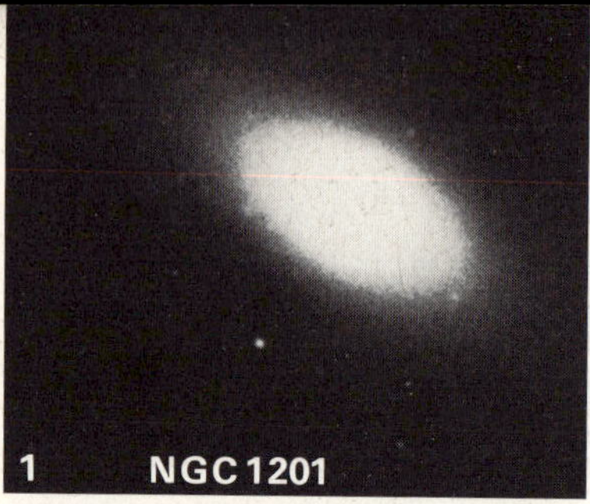

Verschiedene Typen von Galaxien. Die Bilder 1–4 zeigen einige „normale“ Spiralen. Zuerst eine Galaxie, die fast ausschließlich aus einem Kern besteht; dann Systeme, deren äußere Bereiche an Bedeutung zunehmen bis zum letzten Beispiel, in dem die Population-I-Sterne überwiegen und der Kern nur geringe Ausmaße hat.

zwar mit Geschwindigkeiten, die von ihren Entfernungen abhängen. Dieses Verhältnis zwischen Geschwindigkeit und Entfernung ermöglicht es den Astronomen, die Rotverschiebung als indirekten Entfernungsmesser für Galaxien zu verwenden.

Die Rotverschiebung

Einige Astronomen bezweifelten anfangs die Geschwindigkeiten, die die Rotverschiebung bei sehr fernen Objekten anzeigte. Dennoch besteht kein Zweifel daran, daß das Ausmaß der Rotverschiebung ein verläßliches Anzeichen für die relative Entfernung darstellt.

Die Messungen von Rotverschiebungen haben aus diesem Grunde eine wichtige Rolle beim Entstehen von Theorien gespielt, die sich mit der möglichen Vergangenheit und Zukunft des Universums befassen.

Jede Theorie muß die räumliche Verteilung der unzähligen Galaxien berücksichtigen. Ohne den Maßstab

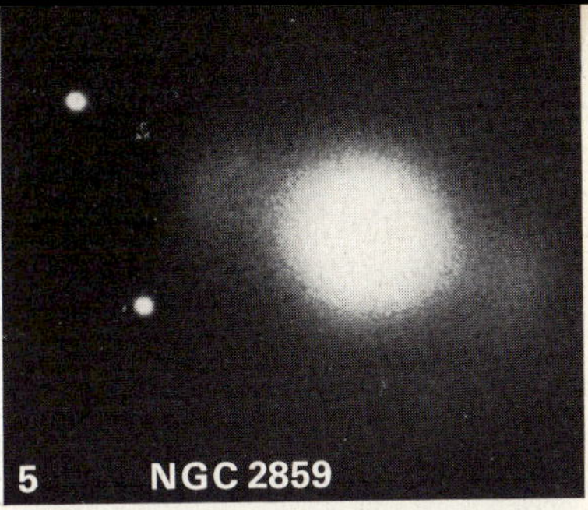

„Balkenspiralen" haben eine ähnliche Variationsbreite. Die Objekte 5–8 zeigen die Tendenz der Arme – die von einem Kern mit einem „Balken" abzweigen – vollständige Ringe zu bilden.

der Rotverschiebung wären alle Spekulationen über die Distanz weit entfernter Objekte äußerst unsicher. In den Entfernungen, die wir heutzutage mit den großen Teleskopen überbrücken, lassen sich keine einzelnen Cepheiden ausmachen – gleichgültig, wie hell sie sind. Die fernen Galaxien erscheinen auf den Fotografien mit den größten Teleskopen nur als schwache Lichtfleckchen, kaum heller als der Hintergrund des Himmels. Vielleicht sind einige von ihnen „Durchschnitts-Galaxien", doch tatsächlich besteht eine große Variationsbreite. Schon in unserer Lokalen Gruppe findet sich einerseits die riesige M 31 sowie unsere Milchstraße – jede mit mehreren hundert Milliarden Sternen; andererseits Zwergsysteme wie der Begleiter von M 31 mit einigen hundert Millionen Sternen.

Die Rotverschiebung ermöglicht es, die Distanz dieser weit entfernten Sternsysteme ziemlich genau zu bestimmen und ihre Leuchtkraft in „Sonnen-Einheiten" zu ermitteln.

Ereignisse in anderen Galaxien

Alle bekannten Tatsachen deuten darauf hin, daß unsere Heimatgalaxis überdurchschnittlich groß ist. Aus diesem Grunde kann angenommen werden, daß in ihr auch alle Ereignisse vorkommen, die bei der Entwicklung von Galaxien als Sternorganisationen auftreten – auf jeden Fall irgendwann im Gesamtablauf der Zeit. Dennoch entgeht uns vielleicht manches in fernen galaktischen Regionen aufgrund unserer Position innerhalb der Galaxis.

Noch nicht zu Sternen zusammengeballte Nebelwolken verbergen einen Großteil des Systems. Ebenso lassen die dichten Sternkonzentrationen der Zentralregionen keine Aufnahme der dahinterliegenden Gebiete zu. Der uns gegenüberliegende, ferne Rand der Galaxis ist unbekanntes Territorium. Auch die Zeit ist ein Faktor, der die Beobachtung einiger galaktischer Ereignisse einschränkt. Dies ist besonders der Fall bei Supernovae, aber auch bei sehr hellen Novae.

Supernovae

Supernovae sind für den Astronomen deshalb so wichtig, weil mit ihnen die Vernichtung eines Sterns einhergeht. Bei seiner Zerstörung strahlt der Stern millionenfach heller als vorher. Was wir heute als Crabnebel sehen, das war die Supernova, die im Jahre 1054 als heller Stern am Tageshimmel aufleuchtete. Heute ist dieser Stern fast nur noch eine wallende Gaswolke. Aus seiner Entfernung von 5000 Lichtjahren läßt sich schließen, daß sein Leben als Stern etwa im Jahr 4000 v. Chr. zu Ende gegangen ist.

Um solche gewaltigen, aber seltenen Ereignisse wie Supernovae beobachten zu können, muß man die fotografische Suche auf andere Galaxien ausdehnen. Supernovae sind selbst in diesen riesigen Entfernungen gut auszumachen, weil sie länger andauern als gewöhnliche Novae und weil sie so hell leuchten, daß sie die Gesamthelligkeit ihrer Galaxien enorm steigern.

Seit dem Jahr 1885 sind mehr als 230 Supernovae beobachtet worden (soviel waren jedenfalls Ende der sechziger Jahre bekannt). In den meisten näher gelegenen Systemen scheinen sie ebenso selten vorzukommen wie in unserer Heimatgalaxis; in einigen Galaxien tauchen sie jedoch häufiger auf.

In zwei Systemen ereigneten sich in diesem Jahrhundert je vier Super-

Das war früher ein Stern. Die Explosion dieses Sterns, der heute Crabnebel heißt, wurde im Jahre 1054 n. Chr. beobachtet und war wochenlang am Tageshimmel zu sehen. Solche Supernovae bedeuten den plötzlichen Tod eines Sterns. Sie sind seltene astronomische Ereignisse.

novae, in vier anderen Galaxien je drei, in drei weiteren Systemen je zwei. Warum sich in einigen Galaxien bis zu 20mal mehr Sternexplosionen ereignen als im Durchschnitt, ist unbekannt. Auch konnte man bislang nicht das Vorstadium dieser Sterne erforschen. Das Wort ,,Explosion" trifft genau auf Supernovae zu: die betreffenden Sterne verhalten sich nicht länger wie stabile thermonukleare Reaktoren. Sie verwandeln sich in Bomben, wobei sie bis zu 20 Größenklassen heller leuchten.

Die bislang hellste beobachtete Supernova erhöhte die Leuchtkraft ihres Systems um ein Hundertfaches. In einem Jahr verstrahlte sie soviel Licht und Hitze, wie unsere Sonne während der letzten Milliarde Jahre abgegeben hat.

Die Erforschung von Supernovae

Hätte es vor anderthalb Millionen Jahren Menschen auf der Erde gegeben, dann hätten sie die Katastrophe, die sich in der Galaxis M 82 ereignete, deutlich sehen können. Diesen Zeitpunkt haben die Astronomen ermittelt, indem sie die Geschwindigkeit der riesigen Materiefäden maßen, die noch immer aus dieser Galaxie herausgeschleudert werden. Sie haben sich bereits 20000 Lichtjahre von ihrem Ursprungsort, dem Kern, entfernt. Das Erstaunliche an dem Vorgang ist jedoch nicht die Geschwindigkeit der Materie, sondern ihre Masse: Sie beträgt vermutlich das Fünfmillionenfache der Sonne.

Die Astronomen können nur die sich heftig ausdehnenden Gashüllen beobachten, die die Zerstörung eines Sterns anzeigen. Zur Zeit ihrer Entdeckung ist jedoch die Vernichtung des Sterns immer schon weit fortgeschritten.

Die Beobachtung der gegenwärtigen Geschwindigkeit und Richtung dieser Gasmassen wird dazu benutzt, ihre Bewegung zeitlich zurückzuverfolgen. Auf diese Weise wird der Zeitpunkt der Supernova ermittelt, die sie ausgeschleudert hat. Mit derselben Methode fand man heraus, daß der Cirrusnebel im Schwan vor zehntausend Jahren eine spektakuläre Explosion gewesen sein muß – Jahrtausende vor den ersten astronomischen Aufzeichnungen.

Heute vermutet man, daß eine Supernova durch einen plötzlichen hohen Energieverbrauch und den damit einhergehenden Kollaps im Inneren des Sterns entsteht. Dadurch erhöhen sich die Temperaturen enorm, und die äußeren Schichten des Sterns werden abgestoßen.

Novae

Weniger aufsehenerregend, aber bei weitem häufiger sind gewöhnliche Novae. Sie leuchten zu schwach, als daß man sie in den weit entfernten Galaxien beobachten könnte, sind jedoch wiederum so hell, daß man sie im Andromedanebel ziemlich oft fotografieren kann. Dennoch werden vermutlich viele kleinere Novae der Beobachtung entgehen. Offenbar treten in einer großen Galaxie mehrere Dut-

Die Aufnahme zeigt eine „normale“ Galaxis ohne auffällige Erscheinungen. Wegen ihrer großen Entfernung läßt sie sich nicht in Einzelsterne auflösen.

Einer ihrer „unsichtbaren“ Sterne explodiert. Bei seiner Vernichtung strahlt er die zig-millionenfache Lichtmenge eines durchschnittlichen Sterns aus.

Diese beiden Galaxien sind zusammengestoßen. Ein solches Ereignis gibt sich durch seine Radiostrahlung zu erkennen.

zend pro Jahr auf. Sie ereignen sich meist in Gebieten mit hoher Sterndichte. Novae wurden auch in der elliptischen Satelliten-Galaxie von M 31 registriert.

Neuere Forschungen deuten darauf hin, daß Novae wohl Zwergsterne in Doppelsystemen sind. Ein Teil der Gashülle des großen Sterns stürzt auf den Zwergstern und verursacht dort die atomare Explosion, die wir als Nova beobachten.

All diese Objekte, Novae und Supernovae, werfen theoretisch interessante Fragen auf, die nicht leicht zu beantworten sind, denn diese Phänomene tauchen zu unvorhersehbaren Zeitpunkten auf und ihr Endzustand ist fast oder ganz unsichtbar.

Pulsare und Schwarze Löcher

Neben der Möglichkeit, als Weißer Zwerg zu enden, können Sterne je nach ihrer Masse zu Pulsaren (Neutronensternen) oder Schwarzen Löchern werden. Ein Pulsar dreht sich sehr schnell um sich selbst und sendet dabei einen ,,Leuchtstrahl" aus Energie aus, der auch optisch feststellbar ist. Schwarze Löcher sind bislang nur theoretisch denkbare Gebilde, deren Existenz jedoch wahrscheinlich ist. Sie bestehen aus Materie, die sich selbst aus der Existenz ,,gedrückt" hat. Aufgrund ihrer enormen Anziehungskraft lassen Schwarze Löcher keine Strahlung entweichen, auch kein Licht.

Das Problem des Maßstabs

Die Sonne und ihr System sind nichts als ein unglaublich kleiner Bestandteil der Milchstraße. Eine einzelne Galaxie schrumpft jedoch zur Bedeutungslosigkeit, wenn man die Milliardenzahl der Galaxien betrachtet. Ihre Entfernungen voneinander gleichen maßstäblich den Abständen der Sterne innerhalb der Systeme. Die Sterne stehen einige Lichtjahre auseinander, in den dichtesten Regionen auch erheblich weniger als ein Lichtjahr. Die Entfernungen zwischen den Galaxien betragen oft Hunderttausende von Lichtjahren, aber auch viel weniger. Einige sind einander so nahe, daß ihre gegenseitige Anziehung sichtbar wird. Lichtschleier aus Sternen, Gas und Staub überspannen bei einigen Galaxien-Paaren Tausende von Lichtjahren.

Hier und da gibt es Galaxien, die sich zu berühren scheinen. Beobachtungen mit Radioteleskopen haben ergeben, daß Galaxien in ganz seltenen Fällen miteinander kollidieren: ein System durchdringt das andere. Ihre Größe macht daraus einen langwährenden Prozeß, der vermutlich mehrere Millionen Jahre dauert.

Eine neue Sicht des Universums

Die Entwicklung neuer Instrumente und Untersuchungsmethoden hat unsere Vorstellungen von der Größe und Beschaffenheit des Universums vollkommen verändert. Zu Beginn dieses Jahrhunderts bestand noch kein klarer Begriff vom Wesen der Sterne. In ihnen „andere Sonnen" zu sehen half kaum weiter, denn man kannte ja noch nicht einmal den Mechanismus, mit dem die Sonne scheinbar unendliche Energiemengen produzierte. Man war auf vage Spekulationen angewiesen, weil es noch keine Atomphysik gab, die ein Modell bereitgestellt hätte und weil Einsteins Konzept von der kontinuierlichen Umwandlung der Materie in Energie noch nicht existierte.
Auch bestand keine Gewißheit über die Größe der Galaxis, denn die fotografischen Meßmethoden, mit denen die Entfernungen vieler Sterne ermittelt werden, steckten noch in den Anfängen. Darüber hinaus sah man die anderen Galaxien gemeinhin als bloße Wolken aus Staub und Gas an. Gleich den Gaswolken innerhalb unserer Galaxis wurden sie einfach als Nebel eingestuft und als Teil der Milchstraße oder ihrer Nachbarschaft angesehen. Bereits im 18. Jahrhundert glaubte der Philosoph Immanuel Kant, daß sie andere Sternsysteme sind – so fern, daß ihre Myriaden Sterne nur als Lichtfleck erscheinen, den kein Teleskop in einzelne Punkte auflösen kann. Er nahm sogar an, daß noch viel mehr von diesen Systemen existierten; sie waren nur zu weit entfernt, um wahrgenommen zu werden.
Während der folgenden 170 Jahre gab es kaum jemanden, der seine bemerkenswerten Ansichten teilte, und selbst die Arbeit mit den ersten großen Spiegelteleskopen neuer Bauweise änderte die wissenschaftliche Meinung nicht sofort. Die fotografischen Materialien, die in dieser Zeit zur Verfügung standen, konnten nicht mit Sicherheit beweisen, daß diese seltsamen Nebel aus Sternen bestanden. Noch 1920 wurde über die Beschaffenheit dieser Objekte und ihre mögliche große Entfernung heiß debattiert – obwohl bereits einige Sterne in dem Spiralgebiet des Andromeda-„Nebels" fotografiert worden waren.

Cepheiden und Population I und II

Der Durchbruch gelang mit der Erkenntnis, daß einige dieser Sterne dem speziellen Typ der Cepheiden angehörten. Diese Sterne pulsieren mit der Genauigkeit eines Uhrwerks und mit Perioden, die in direkter Beziehung zu ihrer wahren Leuchtkraft stehen. Wie schwach auch ein solcher Stern erscheinen mag: hat man erst einmal seine Periode gemessen, dann kennt man auch seine wirkliche Helligkeit. Daraus läßt sich die Entfernung berechnen, die den Helligkeits-Verlust verursacht.

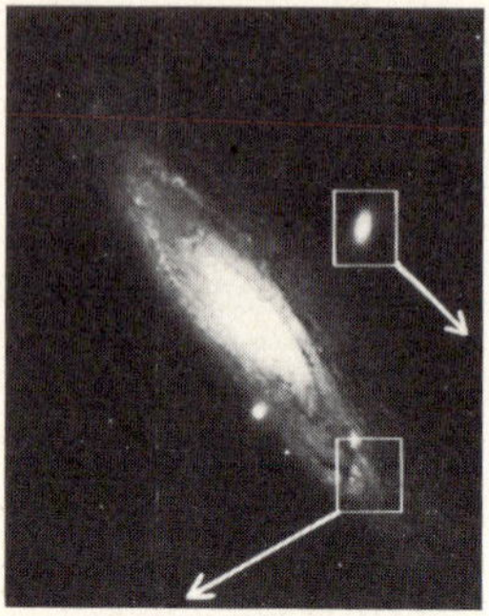

Die Zentralregionen des Andromeda-Nebels und seines kleinen Begleiters M 32 lassen sich kaum in Einzelsterne auflösen. Wie die Population II unserer Heimatgalaxis, so sind auch diese Sterne röter und kühler als Population I, leuchten im Durchschnitt nicht so hell und stehen dichter zusammen.

Die Population des Andromeda-Nebels. Ebenso wie unsere eigene Nachbarschaft in der Milchstraße enthält sie viele heiße, blaue Sterne und eine große Zahl heller und dunkler Nebel.

Wenn bei mehreren dieser Sterne derselbe Abstand ermittelt wird, kann angenommen werden, daß das Ergebnis richtig ist. Das Resultat der Messungen, daß nämlich die Andromeda-Galaxis rund 800 000 Lichtjahre entfernt war, ließ die

Astronomen die sogenannten Nebel mit neuem Interesse untersuchen.

Die Einsicht, daß diese Entfernungsbestimmung in Wirklichkeit falsch war, kam mit einer viel späteren Entdeckung: daß der Andromedanebel – ebenso wie unsere Milchstraße und andere Galaxien ähnlichen Typs – aus zwei ganz unterschiedlichen Sternklassen besteht, die Population I und II genannt werden. Die Andromeda-Cepheiden, die in der äußeren Spirale angesiedelt sind, erwiesen sich als nicht dem klassischen Cepheiden-Typ zugehörig. Sie wurden dem neuentdeckten Population-I-Typ zugerechnet, der erheblich heller leuchtet als ein Population-II-Cepheide. So erhielt die beobachtete schwache Helligkeit eine neue Bedeutung: die Andromeda-Galaxie war weiter entfernt, als zuerst angenommen. Auch hatte man nicht berücksichtigt, daß das Licht im intergalaktischen Raum nicht von Gas und Staub absorbiert wird, wie es innerhalb einer Galaxie der Fall ist. Der Absorptions-Faktor wurde aus den Berechnungen herausgelassen, was den Andromedanebel in noch weitere Ferne rückte.

Die Verdopplung des Universums

Da die Andromeda-Galaxie als Entfernungsmaßstab für andere ähnliche Systeme verwendet worden war, rückten plötzlich alle fernen Galaxien in mehr als den zweieinhalbfachen Abstand, und die Astronomen erkannten, daß der von ihnen untersuchte Raum um das fünfzehnfache größer war, als sie angenommen hatten.

Die Unterscheidung zwischen Population I und Population II ist auch für andere Zwecke wichtig. Die äußeren Bereiche von Spiralgalaxien bestehen aus Population-I-Sternen, mit blauen Überriesen als den hellsten Vertretern. Die Sterne der Population II sind rötlich und können in anderen Galaxien nur mit großen Teleskopen und rotempfindlichem Aufnahmematerial fotografiert werden. Aber nicht nur die Farbe bereitet Schwierigkeiten. Der kleine elliptische Begleiter der Andromeda-Galaxie M 31 ist ein Population-II-System wie andere seiner Art: keiner seiner Sterne sendet auch nur ein Tausendstel der Lichtmenge aus, die ein blauer Riese der Population I in M 31 abgibt.

Elliptische Galaxien scheinen voll entwickelt zu sein; ihnen fehlen der Staub und das Gas, die in der Umgebung der Population-I-Sterne vorkommen. Die Formenvielfalt der Galaxien erstreckt sich von perfekten Scheiben bis zu linsenförmigen Systemen.

Die Spiralgalaxien unterscheiden sich hinsichtlich ihrer Größe und Struktur erheblich voneinander. Einige haben große Kerne und enggewundene Spiralarme, andere kleine Zentren und offene Spiralarme.

Bei wieder anderen, den Balkenspiralen, gehen die gekrümmten Arme nicht aus dem Kern hervor, sondern aus dessen balkenförmigen Verlängerungen. Einige sind so lichtschwach, daß sich zwar ihre Form

nicht bestimmen läßt, dafür aber ihre Entfernung und damit ihre tatsächliche Leuchtkraft.

Der Doppler-Effekt

In schnell fließendem Verkehr macht sich der ,,Doppler-Effekt" bei den Schallwellen bemerkbar: die Tonhöhe eines näherkommenden Fahrzeugs steigt an. Sie fällt plötzlich ab, wenn es vorbeifährt und sich entfernt. Dasselbe Phänomen tritt auch bei Lichtwellen auf. Die Wellen werden länger (röter), wenn die Quelle sich schnell entfernt. Das Licht der fernen Galaxien zeigt im Spektrographen eine solche Rotverschiebung. Mit jeder Sekunde entfernen sich die Galaxien mehr: je größer die Entfernung der Galaxie, desto schneller bewegt sie sich fort von uns. Aus diesem Grunde verraten die Bewegungen innerhalb der großen Galaxienhaufen deren relative Entfernungen von uns.

Fast alle Objekte auf dieser Fotografie sind ferne Galaxien, jede ein System aus Milliarden von Sternen.

Diese Beziehung zwischen Geschwindigkeit und Entfernung hat den Astronomen eine Vorstellung von der Reichweite ihrer Instrumente vermittelt. Zu Beginn des Jahrhunderts wurden viele Objekte, die man als interessant aber unbestimmbar ansah, innerhalb oder in der Nähe unserer Galaxis vermutet. In Wirklichkeit sind sie weit von uns entfernt, nicht nur einige tausend Lichtjahre. Ihr Licht, das bei uns ankommt, ist bereits seit Dutzenden oder sogar Hunderten von Millionen Jahren unterwegs.
Einige von ihnen sind so weit ent-

1. *Diese elliptische Galaxie im Sternbild Virgo ist ein „naher Nachbar", der täglich etwa 100 Millionen km von uns fortstrebt.*
2. *Mit 650 Millionen Lichtjahren etwa 13mal so weit entfernt, bewegt sich diese Galaxie im Sternbild Ursa Major mit 15000 km/sec von uns weg.*
3. *Das Spektrum des vor 940 Millionen Jahren ausgestrahlten Lichts zeigt, daß diese Galaxis in der Konstellation Corona Borealis mit etwa 20000 km/sec fortstrebt.*
4. *Im Sternbild Boötes signalisiert ein fernes Sternsystem seine Geschwindigkeit mit rund 40000 km/sec und seine Entfernung mit 1,7 Milliarden Lichtjahren.*
5. *Diese äußerst lichtschwache Galaxie im Sternbild Hydra ist 2,7 Milliarden Lichtjahre entfernt und bewegt sich mit einer Geschwindigkeit von 60000 km/sec von uns fort.*

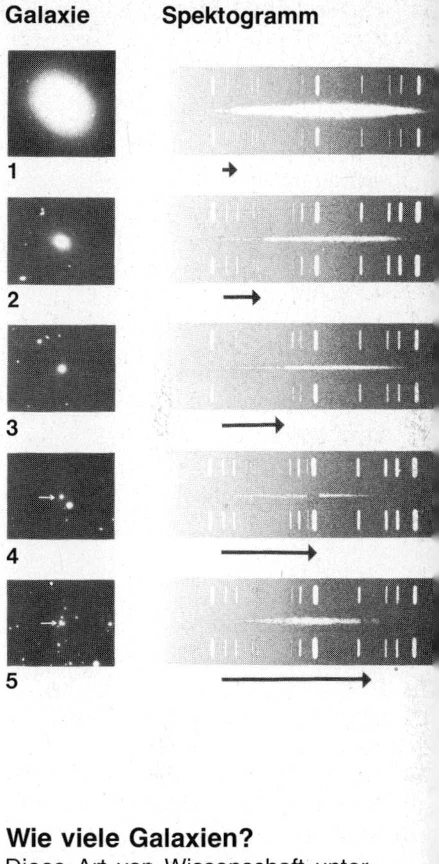

fernt und lichtschwach, daß ihre Spektren selbst mit den größten Teleskopen nur mit stundenlangen Belichtungszeiten aufgenommen werden können. Sie entfernen sich mit Geschwindigkeiten von ungefähr 60000 km/sec. Die erwähnte Relation zwischen Geschwindigkeit und Entfernung versetzt diese Objekte 2,5 Milliarden Lichtjahre weit weg von uns – ein Resultat, das mit den Entfernungs-Berechnungen aufgrund scheinbarer und wirklicher Helligkeit übereinstimmt.

Wie viele Galaxien?

Diese Art von Wissenschaft unterscheidet sich ganz erheblich von der Astronomie zu Beginn unseres Jahrhunderts. Die Frage heißt nicht mehr: „Gibt es andere Galaxien?", sondern: „Wie viele Galaxien gibt es?". Die Anwort lautet: „Zu viele, um sie alle zu zählen". Schätzungen basieren auf Auszählungen, die in repräsentativen Himmelsregionen vorgenommen wurden, und sie beruhen auf der Anzahl, die man in typischen Galaxien-Haufen findet. Im

Bereich der größten Teleskope vermutet man eine Milliarde Galaxien und noch mehr.
Befindet sich eine Galaxie mit einer Milliarde Sternen in der Nähe der Beobachtungsgrenze, dann hebt sie sich kaum von dem Hintergrund des dunklen Nachthimmels ab. Auf dem Mond würde ein großes Teleskop erheblich bessere Ergebnisse liefern, da es dort keine Atmosphäre gibt, die das Licht zerstreut und das Bild verschlechtert. Selbst eine nur geringe Vergrößerung der Reichweite der Teleskope würde den zu beobachtenden Raum erheblich vergrößern. Zur Zeit wird der Radius der Beobachtung mit elektronischen Mitteln erweitert.

Radioastronomie

Vor dem Zweiten Weltkrieg begannen die Astronomen, das Universum systematisch in Wellenbereichen zu erforschen, die länger sind als die des Lichts. Es gehört zu den Paradoxa der modernen Naturwissenschaft, daß die Radioastronomie nicht mit einem geplanten Experiment sondern zufällig begann.
Im Jahre 1931 entdeckte Karl G. Jansky in den USA periodisch wiederkehrende „Radiostörungen" im Abstand eines siderischen Tages. Er lokalisierte deren Quelle in der Milchstraße. Danach wurden weitere Strahlungsquellen entdeckt, und nach dem Krieg entwickelte sich die Radioastronomie rasch zu einer erfolgreichen Wissenschaft, mit der man in die Tiefen des Alls vorstieß.
Weil Radiowellen länger als Lichtwellen sind, müßte ein einfaches Radioteleskop einen Durchmesser von vielen Kilometern haben, um das Auflösungsvermögen eines konventionellen sechs- oder achtzölligen Teleskops zu erreichen. Die Zusammenschaltung von Radioteleskopen, Interferometer genannt, macht solche riesigen Ausmaße unnötig und liefert detaillierte Daten. Radioteleskope haben den großen Vorteil, daß man mit ihnen sowohl tagsüber als auch nachts arbeiten kann und sie so gut wie gar nicht wetterabhängig sind.
Durch die Kombination mit den Doppler-Verschiebungen der Ra-

Das Radioteleskop von Jodrell Bank war der erste große drehbare Parabolspiegel. Es hat einen Durchmesser von 76 Metern.

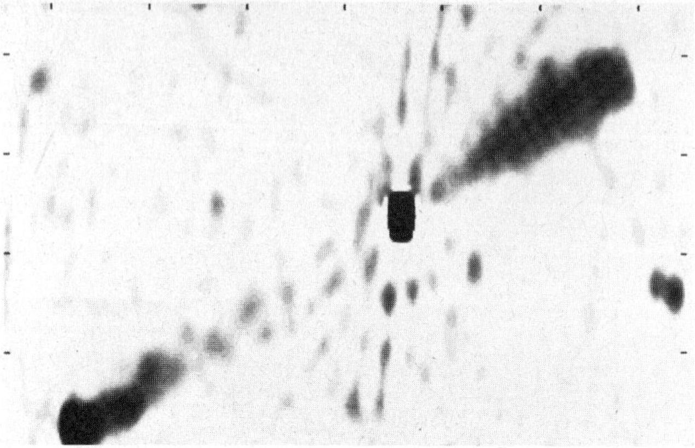

dio-Spektren haben sich neue und wichtige Einsichten in die Temperatur und Bewegung des Gases in den Nebeln ergeben. Auch können die Radioastronomen die Korona der Sonne unabhängig von einer Finsternis untersuchen, wobei sie in ihr Geschwindigkeiten von über 480 km/sec ermittelten.

Obwohl es unsichtbar ist, läßt sich dieses weit entfernte Objekt mit Hilfe seiner Radiostrahlung darstellen, die es vor einer Milliarde Jahre ausgesandt hat. Mit einer Erstreckung von 18 Millionen Lichtjahren ist es das größte bekannte astronomische Objekt.

Die Erforschung des Extragalaktischen Raums

Ihre größten Erfolge erzielten die Radioastronomen jedoch bei der Erforschung des tiefen Raums, wo sie Radioquellen ausmachten, die sich bei der Untersuchung mit den riesigen optischen Teleskopen als lohnenswerte Objekte herausstellten. Wenn auch nicht alle, so sind doch die meisten starken Radioquellen ziemlich auffällige optische Objekte. Einige Radiosterne sind jedoch nur schwache Lichtquellen. Diese Tatsache verlangt nach einem neuen Denkmodell zur Erklärung ihres Aufbaus. Und nicht zuletzt machte sich ein ganz besonderes Phänomen durch Radiostrahlung bemerkbar: die Kollision zweier Galaxien. Radiostrahlung entsteht bei diesen seltenen, wenn auch nicht einmaligen Ereignissen durch den Zusammenprall interstellarer Materie.

Die errregendsten Entdeckungen machte die Radioastronomie bei der Untersuchung einiger äußerst weit entfernter Strahlungsquellen, denen man bei ausschließlich optischer Beobachtung keine besondere Bedeutung zugemessen hätte. Eine kilometerlange Reihe von Radioteleskopen wurde an eine zentrale Da-

Interferometer, wie diese anderthalb Kilometer lange Reihe von Antennen in den Niederlanden, fangen Radiostrahlung auf. Aus den umgewandelten Signalen lassen sich dann Radio-Bilder herstellen.

tenverarbeitung angeschlossen. Damit gelang es, die von einigen dieser Objekte aufgefangene Radioenergie Punkt für Punkt in Radio-Fotografien umzusetzen. Die Ergebnisse sind erstaunlich: die Aufnahmen zeigen die größten bekannten „Objekte" des Universums – riesige, „vermaschte" Energiefelder, vor denen die größten Galaxien winzig erscheinen. Das größte dieser seltsamen Gebilde nimmt mehr Raum ein als die meisten Galaxienhaufen; es erstreckt sich über rund 18 Millionen Lichtjahre.

Quasare

Ebenso erstaunlich sind die „quasistellaren Objekte", die Quasare, die 1961 entdeckt wurden. Sie heißen quasistellar, weil sie kompakte und exakt begrenzte Radioquellen sind und nicht diffus wie ferne Galaxien. Von ihrer starken Radiostrahlung auf ihre relative Nähe zu schließen ist jedoch ein Irrtum. Ihre Rotverschiebungen weisen Quasare als immens weit entfernte Objekte aus: man vermutet Distanzen bis zu mehr als 10 Milliarden Lichtjahren. Sie stoßen Energiemengen aus, die mehreren hundert mittelgroßen Galaxien gleichkommen. Sie ändern die Intensität dieser Strahlung manchmal um den Faktor 20 innerhalb weniger Monate. Diese gewaltige Explosionsenergie, die vielleicht schon seit Millionen von Jahren ausgestoßen wird, kommt aus Objekten, die nicht größer als ein Lichtjahr sein können.

Es sind nicht nur die Entfernungen der Quasare, die die Grenze des gegenwärtigen astronomischen Wissens anzeigen. Es gibt auch noch keine wirklich befriedigende „Erklärung“ für ihre Beschaffenheit, und ebenso wie andere Objekte in dieser astronomischen „Grauzone“ sind sie in Wirklichkeit vielleicht anders, als sie uns erscheinen. Die Entfernungen, die man aufgrund der Geschwindigkeitsberechnungen bei Quasaren ermittelt hat, müßten revidiert werden, wenn sich herausstellt, daß die Richtung ihrer Fluchtbewegung nicht mit der allgemeinen Expansion des Universums übereinstimmt. Eine neue Festlegung ihrer Entfernungen würde fast alle bisherigen Erkenntnisse über Quasare verändern – so zum Beispiel das unglaubliche Ausmaß ihrer Energie-Abgabe.

Theorien über das Universum

Die Entdeckung, daß alle Galaxien voneinander fortstreben, hat unsere Vorstellungen vom Universum und seinen Ursprüngen revolutioniert. Unter anderem ergibt sich daraus, daß es sinnlos ist, nach einem vermeintlichen „Zentrum" des Universums zu suchen. Für einen Beobachter in einer anderen Galaxie, die von uns aus gesehen mit 60000 km/sec fortstrebt, scheint sich unsere Galaxis mit derselben Geschwindigkeit zu entfernen.
Man kann annehmen, daß eine fortgesetzte Expansion des Weltalls dessen Erscheinungsbild in ferner Zukunft verändern wird. Dementsprechend muß das Universum in ferner Vergangenheit anders ausgesehen haben. Obwohl diese Theorie bis vor einiger Zeit bezweifelt wurde, wird sie heute von den meisten Astronomen akzeptiert. Eines der Gedankengebäude, das das Universum anders definierte, war die „Steady-State-Theorie", die über Jahre hinweg Beachtung gefunden hatte.

Die Steady-State-Theorie

Diese Theorie bezog die Tatsache der Galaxienflucht mit ein: demnach werden die heute sichtbaren Galaxien füreinander unsichtbar, wenn die Abstände zwischen ihnen auf ein Maß angewachsen sind, daß Beobachtungen unmöglich werden. Die Befürworter der Steady-State-Theorie nahmen an, das Zentrum des Universums sei nicht nur unentdeckbar sondern sogar nicht-existent, weil das Weltall in Ausdehnung und Zeit unbegrenzt sei.
Die Definition des „Steady State", des ewig gleichbleibenden Zustands, bedeutete nicht, daß sich das Universum nicht in seinen Einzelbereichen verändern konnte; sie schloß ein, daß in den Räumen zwischen den auseinanderstrebenden Galaxien neue Systeme entstehen. Obwohl sich in ferner Zukunft sicherlich Veränderungen ereignen werden, bliebe auf diese Weise die Gesamterscheinung des Universums unbeeinflußt. Dies ist auch ein Argument dafür, daß die überall im Weltall beobachtbaren Galaxien sich in vielen unterschiedlichen Entwicklungsstadien befinden. Nach dieser Theorie ist die Neuschöpfung von Materie ein fortwährender Prozeß – ein Universum ohne Anfang und ohne Ende.
Einige Astronomen favorisierten eine Zeitlang die Steady-State-Theorie. Doch sie stand im Widerspruch zu einigen experimentellen Prüfungen, denen man sie unterzog – insbesondere im Widerspruch zu einigen Tests mit Radioteleskopen, die in die Tiefen des Raums hineinhorchen konnten.
Ein gleichbleibender Zustand würde bedeuten, daß die durchschnittliche Galaxienverteilung immer gleich war. Die Beobachtung des fernen Alls ist ein solcher Test für die

Steady-State-Theorie, denn man sieht die Objekte nicht in ihrem gegenwärtigen Zustand, sondern wie sie in ferner Vergangenheit einmal waren (wegen der Zeit, die das Licht braucht, um zu uns zu gelangen). Dabei zeigte sich, daß die fernen Galaxien dichter zusammen sind, als die weniger weit entfernten. Mit anderen Worten: in der Vergangenheit war die Galaxiendichte größer als heute.

Die „Urknall“-Theorie

Die Alternative zur Steady-State-Theorie zeichnet ein ganz anderes Bild von der Entstehung und Entwicklung des Universums. Diese „Urknall-Theorie“ ist deshalb so attraktiv, weil viele Beobachtungstatsachen für sie sprechen und weil diese Beweise aus ganz unterschiedlichen Richtungen kommen. Sie wird besonders durch die Flucht der Galaxien gestützt.

Die babylonischen Astronomen waren sorgfältige Beobachter, die Finsternisse und andere Ereignisse aufzeichneten – aber sie waren außerdem noch Priester und Astrologen. Der Himmel interessierte sie mehr als ein Ort der Vorzeichen denn als Teil des materiellen Universums. Gemäß ihrer Tradition glaubten sie, daß die Welt mit einem Ring aus Bergen umgeben war. Der trug die riesige Himmelskuppel, über die sich die Sterne hinwegbewegten.

Läßt man einen Zeitlupenfilm von auseinanderfliegenden Samen rückwärts laufen, dann zeigt er, wie die einzelnen Samen zu ihrem Ursprungsort zurückkehren. In ähnlicher Weise können wir mit Hilfe der gegenwärtigen Bewegung der Galaxien auf das Aussehen des Universums zu verschiedenen Zeit-

punkten in der Vergangenheit schließen. Eine solche Überlegung führt zu einem packenden Ergebnis.
Soweit wir es heute abschätzen können, liegt der Zeitpunkt, zu dem der Abstand der Galaxien gleich Null gewesen sein muß, etwa 16 Milliarden Jahre in der Vergangenheit. Diese Berechnung ergibt sich unter anderem aus dem Alter der ältesten uns bekannten Sterne. Auch das Alter der Erde, das man aufgrund von Gesteinsuntersuchungen auf 5–6 Milliarden Jahre ansetzt, bestätigt die Richtigkeit der Berechnung.
Aus diesem Ergebnis läßt sich der Schluß ziehen, daß vor dieser Zeit die gesamte Materie und Energie des beobachtbaren Universums in einer einzigen großen Kugel konzentriert war. Das heute bekannte Weltall begann mit einer gigantischen Explosion: die unglaublich große Energiemenge erreichte ihren kritischen Punkt und wurde zu einer Art ,,Hypernova“.

Das junge Universum

Während der ersten 250 Millionen Jahre nach der Explosion verhinderte die Massedichte, daß sich die Materie der expandierenden Wolke zusammenzog. Die Wolke hatte sich seit der Explosion ununterbrochen ausgedehnt und war immer weiter abgekühlt. Am Ende der ersten Woche war sie noch viele Millionen Grad heiß gewesen. Nun bestand sie aus dünnverteiltem Gas, war vollkommen dunkel und so kalt wie Eiswasser. Dann begannen an vielen Punkten kleine Zusammenballungen, die immer größer wurden. Dieser Prozeß fing langsam an, aber als die Materieballungen wuchsen, zogen sie weitere Materie an sich, bis die Wolke kaum mehr Ähnlichkeit mit der homogenen Kugel hatte, die sie anfangs gewesen war. Sie teilte sich in viele Wolken, die weiterhin alle vom Ort der Explosion fortstrebten. Das waren die Proto-Galaxien. Allmählich nahmen sie ihre heutige Form an, obwohl sie in diesem Frühstadium kalt und dunkel waren. Damals wie heute waren die Hauptbestandteile ihrer Materie die Grundbausteine des Universums: Wasserstoff und Helium.

Proto-Sterne

Bald darauf entwickelten sich sekundäre Zusammenballungen innerhalb der einzelnen Wolken. Sie wuchsen, indem sie Gas und Staub aus ihrer Nachbarschaft anzogen. Dabei stieg ihr Innendruck und auch ihre Temperatur. Dann begannen sie zu leuchten. Damit sahen die Galaxien im wesentlichen aus wie heute. Das Universum glich seinem gegenwärtigen Zustand, doch war der Raum zwischen den Galaxien noch nicht so ausgedehnt. Die Zeit und die fortdauernde Expansion des Universums änderten das jedoch.

Die Entstehung der Planeten

Die Theorie von der Entwicklung des Universums besagt, daß die Entstehung von Planetensystemen bei einem Stern eine häufige Erscheinung ist. Frühere Vorstellungen setzten Zufallsereignisse für die Entstehung des Sonnensystems voraus: so zum

1. *Man vermutet heute, daß die gesamte Masse und Energie des Universums vor 16 Milliarden Jahren in einer einzigen großen Kugel zusammengeballt war. Ihr Durchmesser betrug nur wenige Lichtjahre, und sie war ungeheuer dicht.*

2. *Zu einem bestimmten Zeitpunkt wurde dieser Energieball „kritisch". Er explodierte mit fürchterlicher Gewalt und expandierte dann als Wolke aus Elementarpartikeln.*

4. *Einige hundert Millionen Jahre später ist die Dichte der weiterhin expandierenden Materie stark abgefallen, und die Temperatur ist unter 0 °C gesunken. Unter dem Einfluß der Schwerkraft beginnen die Partikel sich zusammenzuballen.*

5. *Dieser Vorgang teilte die Wolke in Myriaden Unter-Einheiten auf. Jede dieser „Proto-Galaxien" strebt nach außen und zog sich unabhängig von ihren Nachbarn zusammen.*

6. *In diesem Stadium war das Universum kalt und dunkel. Bald jedoch (nach einigen hundert Millionen Jahren) erreichten sekundäre Zusammenballungen Dichtegrade, die Sterne entstehen ließen und die Proto-Galaxien zum Leuchten brachten. Dieser Prozeß dauert noch an . . .*

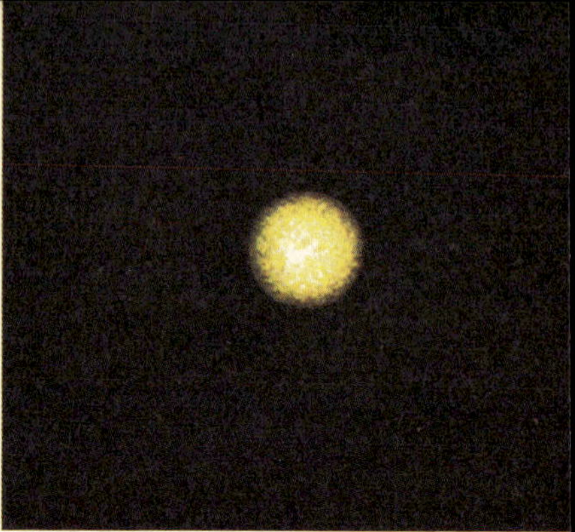

1

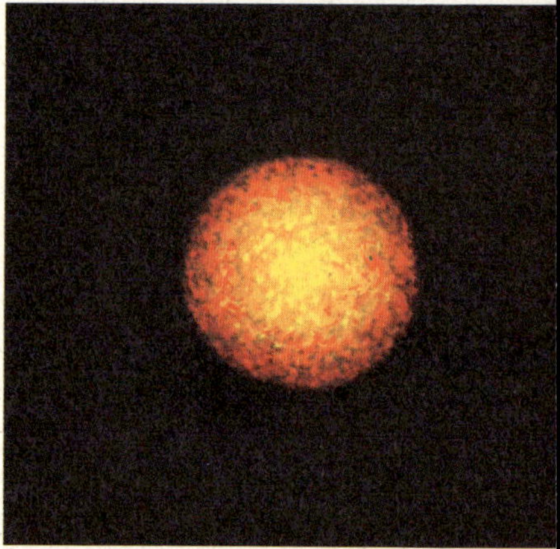

2

3

4
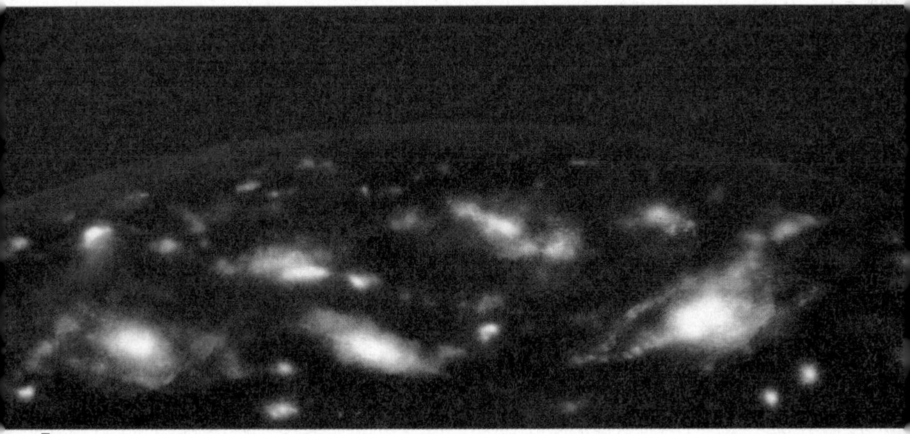
5

6

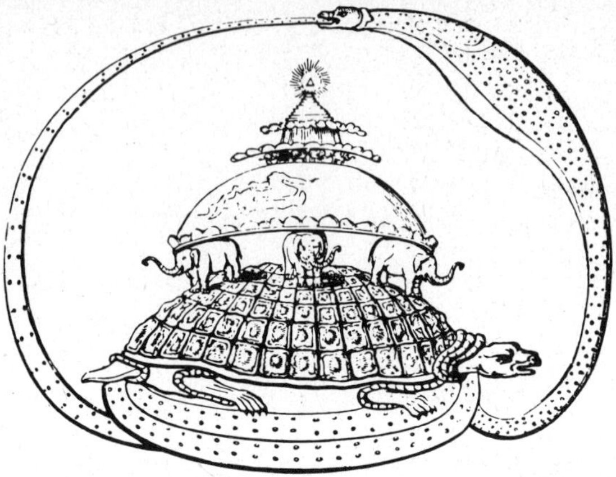

Die Vorstellung der Hindus vom Universum beschäftigte sich nicht mit der Frage nach der Position der Erde im Weltraum.

Beispiel die Annäherung anderer Sterne oder sogar Sternkollisionen. Vieles spricht gegen diese Theorien. Die Erde und andere erdähnliche Planeten bestehen nicht aus der Materie, die in den äußeren Schichten der Sonne vorkommt.
Die Entstehung der Planeten basiert auf einem Prozeß, der dem der Entstehung der immens vielen Doppelstern-Systeme in unserer Galaxis gleicht. Die Sonne und die Proto-Planeten bildeten sich aus einer einzigen Materiewolke innerhalb der Galaxis. Darin formierten sich die Kugeln der zukünftigen Planeten

Im Mittelalter galt es als vermessen, die Stellung der Erde als Mittelpunkt des Alls zu bezweifeln oder auch nur danach zu fragen.

und die kleineren Kugeln ihrer Begleiter. Sie müssen entstanden sein, bevor die Sonne zu leuchten begann. Wie die Sonne, so bestanden auch sie hauptsächlich aus Wasserstoff und Helium. Der relativ geringe Anteil schwerer Materie bewegte sich zu den Zentren der planetaren Wolken und bildete dichte Kerne. In der Zwischenzeit zog sich die Sonne – die noch größer war als heute – weiter zusammen und begann dann zu leuchten. Der Strahlungsdruck der sich erhitzenden Sonne trieb in kurzer Zeit die ausgedehnten Wasserstoffhüllen von den erdähnlichen Planeten fort, so daß ihre Gesteinskerne offenlagen. Von der heutigen Erdatmosphäre nimmt man an, daß sie ,,neu" ist und sich aus dem Stickstoff und Sauerstoff der Erdkruste gebildet hat.

Andere Planetensysteme

Wenn keine ,,besonderen Zufälle" erforderlich sind, damit Planeten entstehen, dann ist dies wohl kein so seltenes Ereignis. Nach einigen Schätzungen teilte sich ein Prozent der Proto-Sterne in jeweils einen großen und mehrere kleine Materieklumpen. Selbst wenn diese Zahl zu hoch angesetzt ist, existieren noch Abermillionen Planetensysteme in unserer Galaxis. Einige Astronomen vermuten an die 100 Millionen Systeme.

Wir können ihre Existenz weder in unserer noch in einer der Milliarden anderen Galaxien nachweisen. Dennoch: vor dem statistischen Hintergrund betrachtet, ist es äußerst unwahrscheinlich, daß Leben ein Phänomen ist, das nur auf einen einzigen Planeten eines einzigen Sterns in einer der Milliarden Galaxien beschränkt sein soll.

Die Beobachtung der Sonne

Selbst mit einem kleinen Fernrohr darf man auf keinen Fall direkt in die Sonne blicken, da sonst das Auge unwiderruflich geschädigt wird. Auch die dunklen Blendgläser, die man hinter das Okular des Fernrohrs setzt, garantieren keine Sicherheit.
Für die Sonnenbeobachtung gibt es spezielle Teleskope und besonderes Zubehör – allerdings sehr teure Geräte. Will man nur ab und zu die Oberfläche der Sonne oder den Verlauf einer Finsternis beobachten, dann braucht man kein Geld in eine solche Ausrüstung zu stecken. Die hier beschriebenen Methoden sind sicher, effektiv und verlangen wenig Geld- und Zeitaufwand.
Man kann die Sonne bequem sicher beobachten, ohne sie direkt anzusehen. Mit einem Teleskop oder einem Fernglas projiziert man ihr Bild auf eine geeignete „Leinwand". Zwar ist kein komplizierter Aufbau nötig, doch sollte das Instrument ganz fest stehen, da bereits die kleinsten Erschütterungen alle feineren Details verwackeln.
Arbeitet man mit einem Feldstecher, dann deckt man das linke Objektiv mit einer Kappe ab. Ein großes Stück Pappe mit Löchern für die Okulare wird so auf das Fernglas aufgesetzt, daß es einen großen, rechteckigen Schatten wirft, wenn man das Instrument auf die Sonne richtet. Als Ständer läßt sich ein Kamerastativ verwenden oder ein Pfahl mit einem 1 cm starken Brett als Auflagefläche, das mit einem Scharnier befestigt ist.

Das Bild der Sonne

Die Projektionsfläche (ein Stück Karton genügt) wird so hingestellt, daß die Sonnenstrahlen senkrecht auf sie treffen. Die Farbe des Projektionsschirms spielt keine Rolle, er muß nur sauber sein. Wenn das Bild der Sonne auf der Fläche erscheint, wirken Flecken sehr störend. Die Größe des Bildes hängt vom Fernglas – besonders dessen Okular – und seinem Abstand zum Schirm ab. Am besten wird der rechte Tubus verwendet, da dessen Scharfeinstellung unabhängig von der Mitten-Fokussierung arbeitet – sie ist erheblich leichtgängiger, so daß sich das ganze Instrument einfacher handhaben läßt.
Das Glas muß genau auf die Sonne gerichtet werden, denn die Schärfe leidet, wenn das Bild nicht auf der optischen Achse liegt. Um das zu erreichen, hält man ein Stück festes Papier vor das Okular. Wenn eine helle Lichtscheibe durch das Papier hindurchscheint, dann ist das Teleskop oder Fernglas genau ausgerichtet.
Auf einen weißen Schirm läßt sich ohne weiteres ein Bild der Sonne mit 25 cm Durchmesser projizieren. Im Vergleich zu der Sonnenscheibe erscheint der Rest des Schirms überraschend dunkel, obwohl er weiß ist.

Sonnenflecken sehen genauso dunkel aus – wenn sie groß genug sind, um von dem Instrument erfaßt zu werden.
Diese Beobachtungsmethode ist sicher, und sie vereinfacht die Aufzeichnung der Positionen von Sonnenflecken, die man auf passend ausgeschnittene Papierscheiben überträgt. Mit der Projektionsmethode kann auch eine ganze Gruppe von Leuten den Verlauf einer Sonnenfinsternis verfolgen.

Mit dem Fernglas als Projektor läßt sich die Sonne gefahrlos betrachten. Eines der Objektive wird abgedeckt, das Bild wird am anderen Okular scharf eingestellt. Man kann Sonnenflecken allerdings nur beobachten, wenn das Instrument erschütterungsfrei montiert ist.

Sonnenaktivität

Obwohl in einem einfachen Fernrohr die Formen und Größenänderungen von Sonnenflecken zu erkennen sind, gibt ein solches Instrument nur wenige Details von der tatsächlichen Aktivität der Sonnenoberfläche wieder. Zu der Entwicklung der Flecken gehört auch die Veränderung der hellen Fackeln, die man meist in ihrer Umgebung sieht. Kurz bevor ein Flecken entsteht, werden die Fackeln häufig größer, und man findet sie oft noch, wenn die Flecken selbst schon verschwunden sind.

Das Aussehen dieser Turbulenzen, besonders ihre Form, wird von ihrer Position auf der Sonnenscheibe bestimmt.

Die nebenstehenden Aufnahmen von einer andauernden Turbulenz auf der Sonne illustrieren dieses Phänomen.

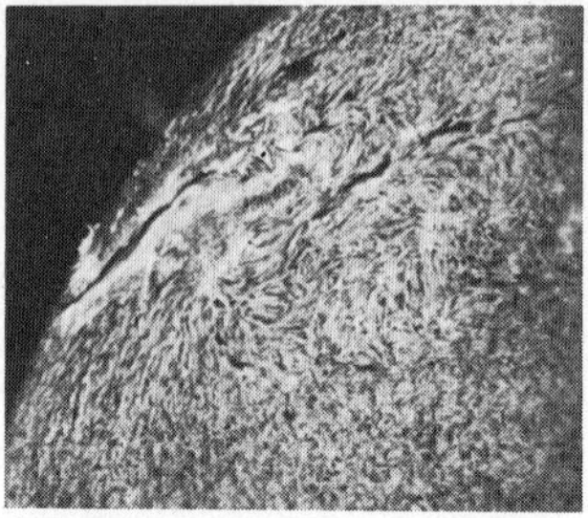

1

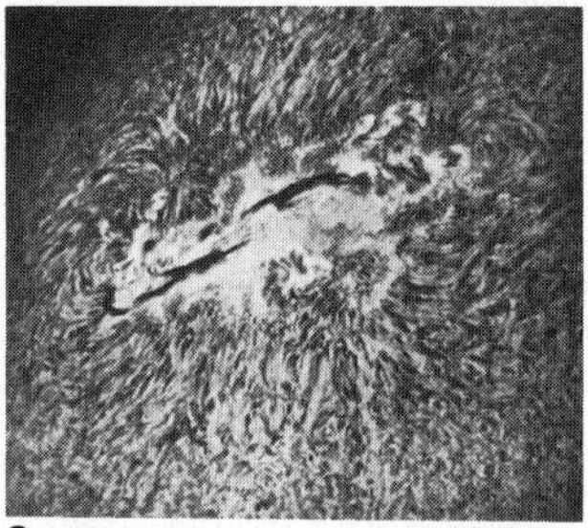

2

3

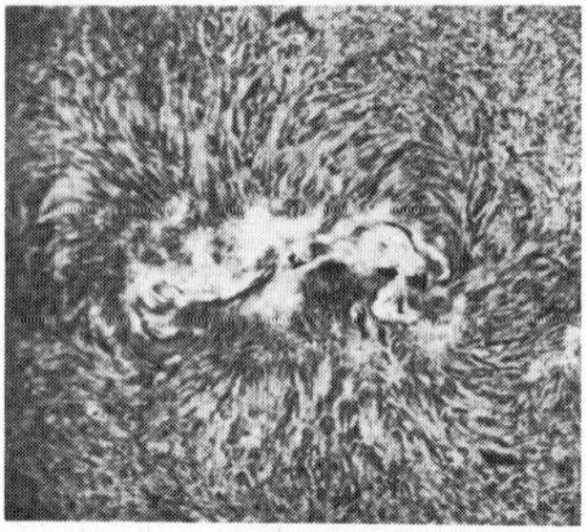

4

1. *Ein großes, turbulentes Gebiet, das von hellen Fackeln umgeben ist, rückt durch die Rotation der Sonne ins Blickfeld.*

2. *Später entsteht in der Region größter Intensität eine noch hellere Fackel.*

3. *Die Sonnenfackel hat an Größe und Leuchkraft zugenommen.*

4. *Beim Erlöschen der Fackel werden die Formveränderungen der Wirbel deutlich.*

(Im Maßstab dieser Aufnahmen wäre die Erde etwa 1 mm groß.)

Ebenso wie die Wanderung der Planeten lassen sich die jahreszeitlichen Veränderungen am Nachthimmel mit dem bloßen Auge beobachten. Aber erst ein Teleskop macht lichtschwächere Sterne sichtbar und zeigt oft Vorgänge, die sonst unbemerkt blieben.

Mit beinahe jedem Teleskop kann man – bei richtigem Gebrauch – die Entdeckungen nachvollziehen, die die Vorstellungen vom Universum revolutionierten. Schon ein Blick durch ein Fernglas läßt den Nachthimmel vollkommen anders erscheinen.

Die Annahme, daß ein Teleskop um so besser ist, je stärker es vergrößert, ist falsch. Das gilt besonders für Himmelsbeobachtungen. Eine übermäßige Vergrößerung ist selbst dann störend, wenn das Teleskop von optisch hoher Qualität ist; ein minderwertiges Fernrohr wird durch hohe Vergrößerung noch erheblich schlechter.

Ein Teleskop vergrößert nicht nur die beobachteten Objekte, sondern auch deren Eigenbewegung sowie die kleinsten Erschütterungen. Aus diesem Grunde kann man selbst mit einem kleinen Fernrohr, das mit der Hand gehalten wird, Objekte nur kurz anschauen, sie aber nicht genau beobachten. Ein Teleskop macht lichtschwache Sterne sichtbar, indem es das wenige Licht in einem winzigen Punkt konzentriert. Selbst kleinste zufällige Erschütterungen verteilen dieses Licht über eine so große Fläche, daß eine Beobachtung des Sterns unmöglich wird. Eine feste Montierung des Teleskops ist die Voraussetzung für ein gutes Bild. Auch mit Ferngläsern sieht man mehr, wenn sie stabil befestigt sind.

Starke Vergrößerungen begrenzen das Blickfeld und können das Auffinden eines gesuchten Sterns erheblich erschweren. Besonders für den Anfänger empfiehlt sich eine einfache Zielvorrichtung, mit der er sein Teleskop ausrichten kann. Bei 50facher Vergrößerung ist das Blickfeld kaum größer als die Mondscheibe. Bei 150facher Vergrößerung bleibt ein Stern, der sich auf dem Himmelsäquator befindet, aufgrund der Erdrotation nur eine Minute im Blickfeld, wenn keine Nachführ-Vorrichtung verwendet wird.

Die Montierung

Um das Fernrohr auf jeden Punkt des Himmels richten zu können, muß es wie der Theodolit eines Landvermessers um zwei Achsen drehbar sein. Am besten ist die parallaktische Montierung, deren Hauptsache parallel zur Erdachse ausgerichtet wird. Hat man das Teleskop dann einmal auf einen Fixstern eingestellt, dann braucht es nur um diese „Polarachse“ gedreht zu werden. Diese Bewegung gleicht die Erdrotation aus und hält den Stern im Blickfeld.

Einfache parallaktische Montierung

Das Bild zeigt eine einfache parallaktische Montierung aus Rohrstücken: zwei Flansche, ein T-Stück, ein 120°-Winkelstück und ein gerades Verlängerungsstück zum Anschrauben eines Gegengewichts. Der obere Teil des Winkels und das T-Stück bilden die Polarachse, die auf die geographische Breite des Beobachters eingestellt wird. Dafür wird ein Keil so untergeschoben, daß die Achse auf den Himmelspol zeigt.

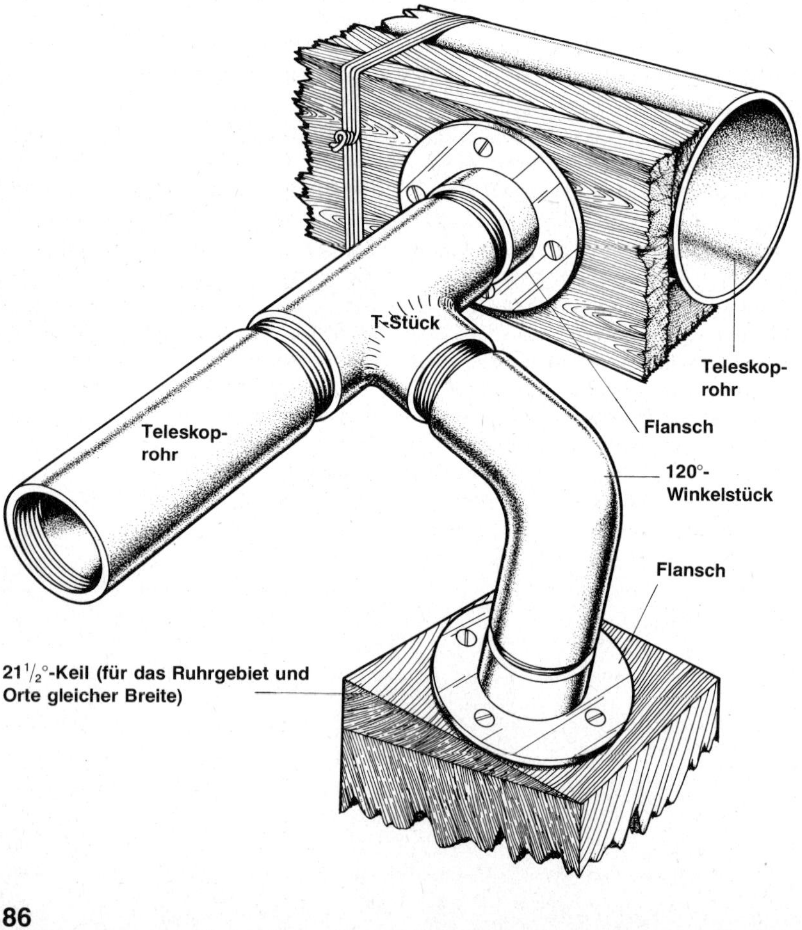

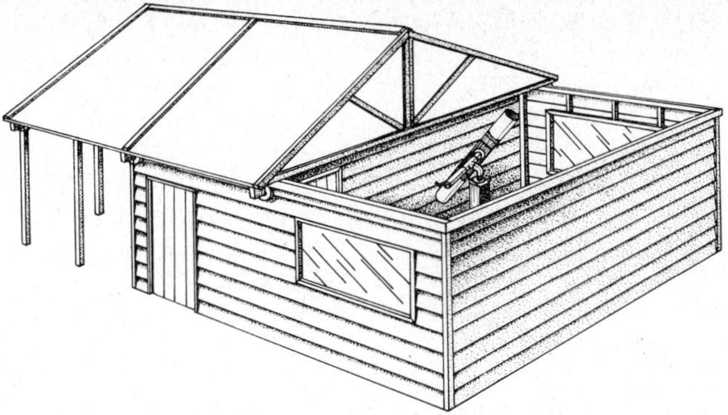

Die wichtigste Forderung an eine solche Montierung ist Festigkeit. Amateurastronomen haben ausgezeichnete parallaktische Montierungen gebaut, indem sie bestimmte Materialien ihren Zwecken anpaßten. Die besten Ergebnisse werden erzielt, wenn man mit Bauteilen arbeitet, die dreimal schwerer als offenbar erforderlich sind. Für Teleskope mit einer Öffnung von fünf bis sechs Zoll lassen sich große Eisenrohrstücke verwenden, die man mit Lagern aus Bronze oder Weißmetall versieht. Als Übergangslösung oder für Experimentierzwecke kann man sogar die Gewinde als Drehlager benutzen, wenn man sie zuerst einschleift und danach mit einem festen Schmiermittel einreibt.

Eine Sternwarte im Schuppen
Vieles spricht dafür, ein Teleskop unter freiem Himmel aufzustellen. Ein festmontiertes Instrument jedoch muß vor Witterungseinflüssen geschützt werden, wenn es nicht in Gebrauch ist. Viele Amateure haben sich hervorragende Observatorien gebaut, indem sie das Dach eines Wochenendhauses oder einer Hütte auf Rollen gesetzt habe. Für die Beobachtung des Himmels läßt sich ein Teil des Daches zurückschieben.

Astro-Fotografie

Sterne können mit jeder Kamera fotografiert werden. Mit einem einfachen Fotoapparat, den man auf ein Teleskop mit einer Uhrwerk-Nachführung montiert, lassen sich hervorragende Aufnahmen von der Milchstraße machen. Selbst mit einem per Hand nachgeführten Fernrohr als Leitinstrument können gute Bilder entstehen, obwohl die Nachführ-Grenze für die meisten Amateure bei 20 Minuten liegt. Jedoch verfügt ein Anfänger wohl selten über solche Geräte. Das ist aber kein Grund zur Resignation, denn einige Methoden der Astrofotografie kommen ohne komplizierte Instrumente aus. Viele interessante Meteoraufnahmen sind mit Kameras gemacht worden, die nichts weiter als gut konstruierte Kästen ohne jeglichen Mechanismus waren, die man auf den Boden stellte.

Wenn man eine einfache Kamera auf den Himmel richtet und den Verschluß ungefähr eine Stunde lang öffnet, werden erstaunlich viele Sterne abgelichtet. Ist die Kamera stationär, dann sind die Sterne keine Punkte, sondern Strichspuren, die interessante Rückschlüsse ermöglichen. Das untenstehende Bild zeigt

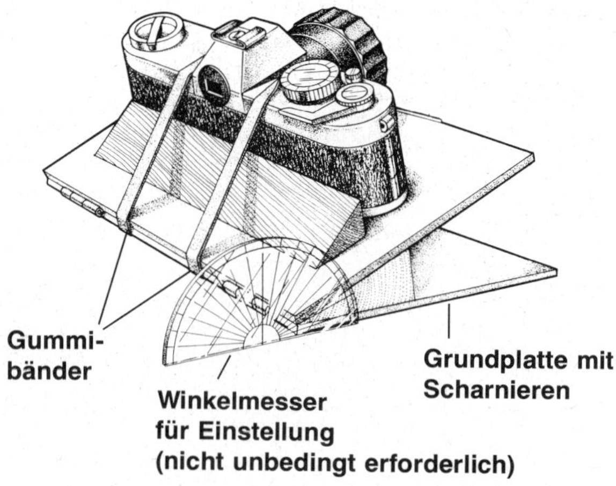

eine einfache Vorrichtung, die von jedem gebaut werden kann, der mit einfachen Werkzeugen umzugehen versteht. Damit lassen sich Fotografien der zirkumpolaren Sternbahnen anfertigen, auf denen sich der Himmelspol genau ermitteln läßt.
Eine Aufnahme mit etwa zehnminütiger Belichtungszeit verdeutlicht die Himmelsdrehung erheblich besser, als eine gleich lange visuelle Beobachtung. Längere Belichtungszeiten ergeben noch schönere Fotografien. Bei klarem Himmel ohne künstliches Streulicht lohnt sich eine mehrstündige Aufnahme mit Blende 11, auf der dann selbst der Polarstern einen kleinen Kreis um den eigentlichen Himmelspol beschreibt. Die unterschiedlichen Helligkeiten der Sterne beeinflussen die Breite der Strichspuren, die ihre Bewegungen auf dem Film hinterlassen. Helle Sterne lassen sich problemlos auf Fotopapier vergrößern, während Sterne nahe der Auflösungsgrenze der Kamera zu schwach dafür sind – obwohl das Negativ sie abbildet. Ein kontrastreicher Film und hartes Fotopapier bringen oft die besten Ergebnisse.
Dieselbe Vorrichtung läßt sich auch für Aufnahmen anderer Himmelsgegenden verwenden, ebenso für die Ablichtung von hellen Erdsatelliten.

Aufnahme eines Meteors, der durch die zirkumpolaren Sternbahnen hindurchschießt.

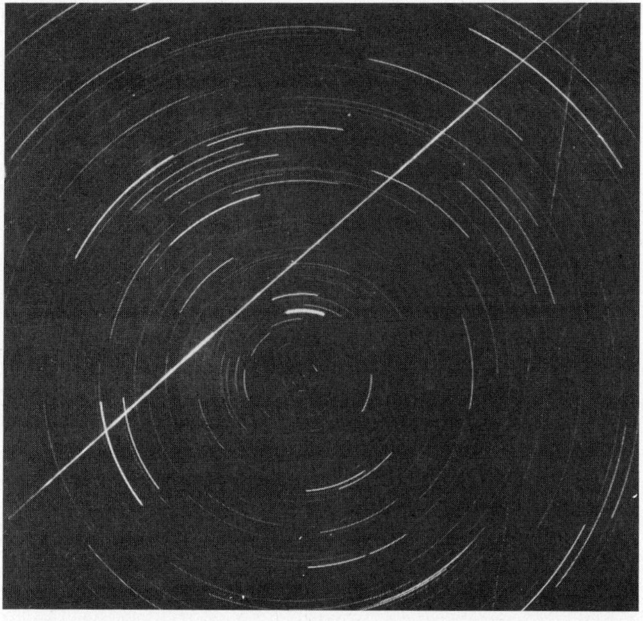

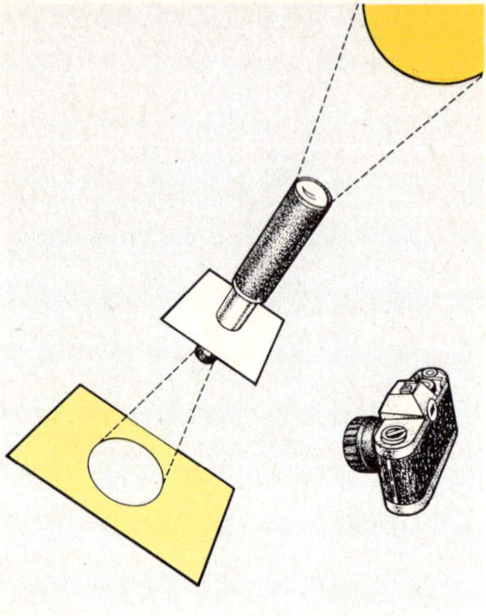

Wenn ein projiziertes Sonnenbild große Flecken zeigt, dann kann man es mit einer kurzen Belichtungszeit aufnehmen.

Unter anderem zeigt eine solche Fotografie die Veränderungen der scheinbaren Helligkeit des Satelliten. Diese Wechsel sind Folgen der sich ändernden Entfernung und der wechselnden Tiefe der Lufthülle, durch die der Satellit sein Licht auf die Kamera reflektiert (während der Aufnahme vergrößert oder verkleinert er ja seinen Winkelabstand vom Horizont).

Steht ein Vergrößerungsgerät zur Verfügung, dann läßt sich mit einfachen Hilfsmitteln eine erstaunlich realistische und genaue Himmelskarte anfertigen. Eine Aufnahme mit einem 50-mm-Objektiv erfordert eine fünffache Vergrößerung, damit sie – in normalem Leseabstand betrachtet – dem Bild des Himmels entspricht, wie es sich dem bloßen Auge zeigt.

Da aber die Strichspuren keine Ähnlichkeit mit der tatsächlichen Erscheinung des Himmels haben, müssen die Bilder vorsichtig mit einer Nähnadel bearbeitet werden: der Beginn einer jeden Strichspur wird durchstochen, wobei das Loch halb so groß sein soll, wie die Spur breit ist.

Anschließend wird das ganze Bild sorgfältig geschwärzt, oder noch besser: vor dem Durchstechen klebt man schwarzes Papier auf die Rückseite. Wenn man die Aufnahme in Lesedistanz vor eine helle und gleichmäßige Lichtquelle hält, sieht man ein überrraschend realistisches Bild der fotografierten Konstellationen.

Die meisten moderen Kameras haben zwar kurze Belichtungszeiten für Schnappschüsse und Blitzaufnahmen, aber keinen Langzeit-Verschluß. Also nimmt man einen Drahtauslöser und stellt die Kamera auf „B“ ein.

Einige Drahtauslöser haben eine Feststellschraube, die den Verschluß offenhält. Verfügt man über keine solche Vorrichtung, läßt sich mit etwas Einfallsreichtum, einer Schnur und einem kleinen Keil der Auslöser beliebig lange festhalten.

Selbstbau eines Teleskops

Materialliste für das Teleskop

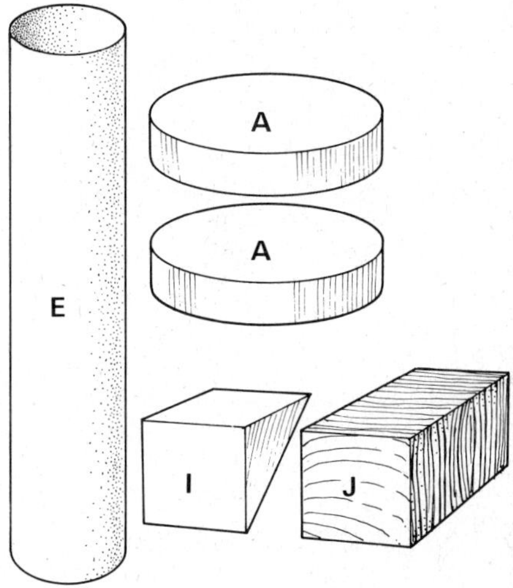

Der Spiegel: *zwei 10-cm-Glasscheiben (A), etwa 30–45 mm dick, mit gebrochenen Kanten; mehrere Sorten Karborundum (B) zum Schleifen; Pech und Topf (C), um eine Polierpechhaut herzustellen; Polierrot (D) zum Polieren des Spiegels.*

Der Teleskopkörper: *ein 560 mm langes Rohr (E) aus Aluminium oder Plastik, Innendurchmesser 127 mm; ein Okular (F), am besten Typ „Ramsden" mit 25 mm Brennweite; ein paar kurze Stücke glattes Messingrohr (G) und eine Steckhülse (H), in die das Okular (F) genau hineinpaßt. Weiterhin ein 28-mm-Glasprisma (I), einen Holzklotz (J) und Kleinigkeiten wie Schrauben, Federringe usw.*

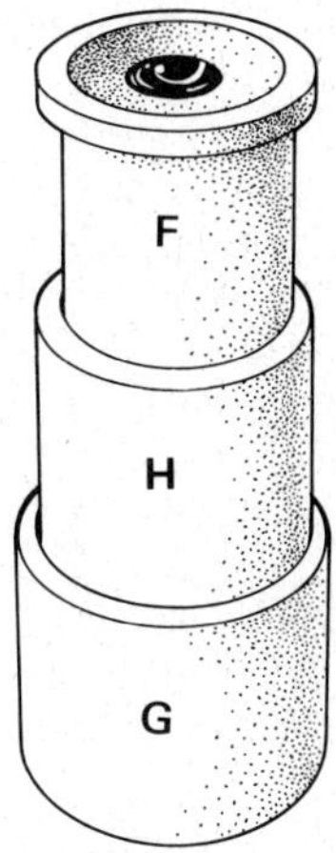

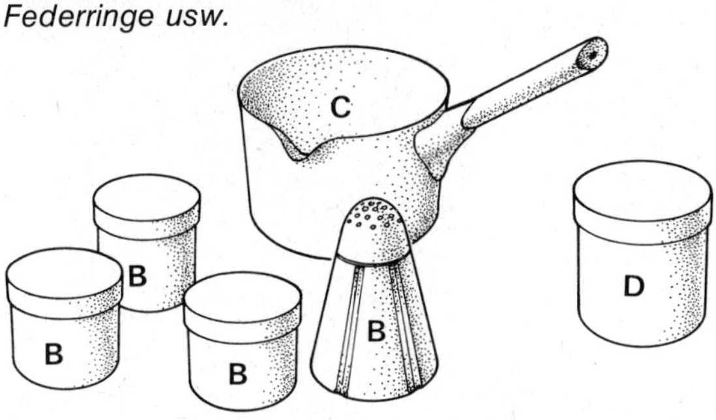

Der Eigenbau von Teleskopen und die Arbeit mit ihnen hat bereits Tausenden von Amateuren Freude bereitet. Zu diesem Thema gibt es eine Reihe hilfreicher Bücher. Das hier kurz beschriebene Teleskop ist äußerst einfach herzustellen, und es bedarf keiner Montierung. Man kann es sich sogar unter den Arm klemmen. Wenn es korrekt gebaut wird, lassen sich mit ihm herrliche Beobachtungen der Milchstraße anstellen. Man kann es ebensogut als „Erdspion" verwenden, indem man dem beobachteten Objekt den Rükken zudreht und in das Okular hinunterschaut.

Herstellung einer Schablone

Mit der Schablone wird der Fortschritt der Schleifarbeit gemessen, durch die der Spiegel die erwünschte Aushöhlung bekommen soll. Die Kurve wird mit einem improvisierten Zirkel gezeichnet: eine Leiste, die sich um einen kleinen Nagel dreht, mit einem Loch für einen spitzen, harten Bleistift in 86 cm Abstand. Die Kurve wird auf ein Stück Pappe von mindestens 10 × 38 cm aufgetragen – das reicht für drei Schablonen (sollte eine unbrauchbar werden). Man schneidet die Pappe **oberhalb** der Kurve ab und schmirgelt sie auf das richtige Maß. Die Kante wird mit Nagellack oder ähnlichem bestrichen, damit sie keine Feuchtigkeit annimmt.

Das Schleifen des Spiegels

Die Spiegelscheibe liegt oben, die andere Glascheibe ist die „Schleifschale". Mit dem größten Karborundum (dem Schleifmittel) und Wasser wird die Krümmung grob herausgeschliffen, wobei man nicht allzu fest zu drücken braucht. Nach jedem oder jedem zweiten „Strich" wird der

Zwischen den Strichen wird der Spiegel allmählich im Uhrzeigersinn gedreht, die Schleifschale in die entgegengesetzte Richtung.

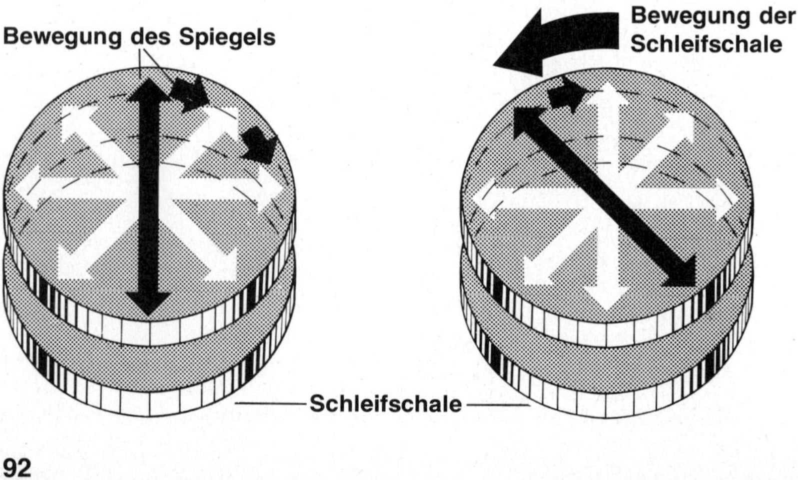

Spiegel ein wenig in die eine Richtung gedreht, die Schleifschale in die entgegengesetzte Richtung (siehe Zeichnung). Lange Striche und die dauernde Zugabe von neuem Karborundum schleifen in Spiegel und Schale bald einander entsprechende Kurven ein: der Spiegel wird konkav, die Schale konvex. Führt man die Striche richtig aus, dann entsteht ein sphärischer Schliff. Wenn die Aushöhlung des Spiegels der Schablone entspricht, muß eine feinere Sorte Karborundum verwendet werden. Zuerst werden beide Scheiben gewaschen und beiseite gelegt, dann wird alles sorgfältig gereinigt. Unter keinen Umständen darf sich während irgendeines Schleif-Stadiums ein gröberes Korn unter die feineren mischen, da man sonst wieder von vorne beginnen muß.
Von jetzt an geht es nur noch darum, die Spiegelfläche so glatt zu schleifen, daß zuletzt eine schnelle und vollständige Politur möglich ist.

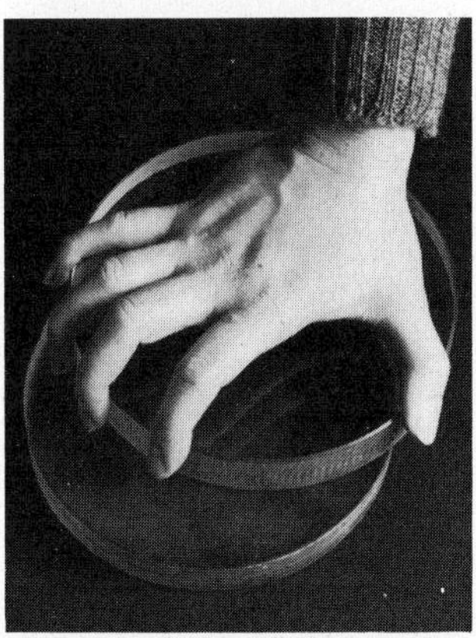

Die Schleifstriche werden nun kürzer: der Mittelpunkt des Spiegels soll nicht ganz die Kante der Schale erreichen, da sonst der Krümmungsradius zu kurz wird.
Sobald der Spiegel einigermaßen glatt geschliffen ist, kann sein tatsächlicher Radius durch eine Reflexion auf seiner nassen Oberfläche ermittelt werden. Dazu hält man eine Taschenlampe dicht neben ein Auge, tritt zurück und erkennt deutlich deren Reflexion im Spiegel. Dann wird die Taschenlampe bewegt. Wenn die Reflexion die Bewegung mitmacht, befindet man sich noch innerhalb des Krümmungsradius, denn außerhalb dieses Radius bewegt sich die Reflexion in die entgegengesetzte Richtung.
Genau im Krümmungsmittelpunkt, wenn die Spiegelscheibe voll ausgeleuchtet ist, mißt man die Distanz zum Spiegel: das Teleskop wird die halbe Brennweite dieses Abstands haben. Selbst wenn der Krümmungsradius einige Zentimeter zu lang oder zu kurz ist, sollte man den Spiegel nun weiterschleifen, bis die Oberfläche glatt ist. Dazu müssen alle Löcher, die das jeweils vorausgegangene, gröbere Karborundum verursacht hat, vollkommen ausgeschliffen werden, bevor man zur nächstfeineren Sorte übergeht. Dazu untersucht man die Randzone mit einem guten Vergrößerungsglas. Hier zahlt sich sorgfältige Arbeit aus: keine Zeit mit abgenutztem Karborundum verschwenden. Die Schicht aus Glasbrei wird weggewaschen, und dann geht es mit neuem Karborundum weiter.

Wenn die letzte und feinste Schleifmittelsorte an die Reihe kommt, bringen kurze Striche und kleine (aber regelmäßige) Zugaben Karborundum das Glas zum Glänzen. Vorher hat es keinen Sinn, mit dem Polieren zu beginnen.

Die Politur des Spiegels

Ein 10-cm-Spiegel läßt sich sehr schnell polieren, wenn er vorher sorgfältig geschliffen wurde. Zuerst wird auf der Schleifschale mit Pech eine Polierhaut aufgegossen. Dazu legt man einen Gummi- oder Pappstreifen so um ihren Rand, daß sie vorübergehend zu einem flachen Behälter mit konvexem Boden wird, etwa sechs Zentimeter tief.
Das Pech wird in einem Topf erhitzt und dann in diese Form gegossen. Wenn es fest genug ist, wird der ,,Rand" abgenommen. Sodann trägt man ziemlich viel Polierrot mit Wasser auf den Spiegel auf. Die Spiegel-

Das heiße Pech wird auf die Schleifschale gegossen, um eine Polierhaut herzustellen.

In das Pech werden Rillen eingeschnitten, doch darf die Facettierung nicht zentrisch sein. Man braucht nicht fest zu drücken. Besonders beim Polieren sollten die Hände kühl sein.

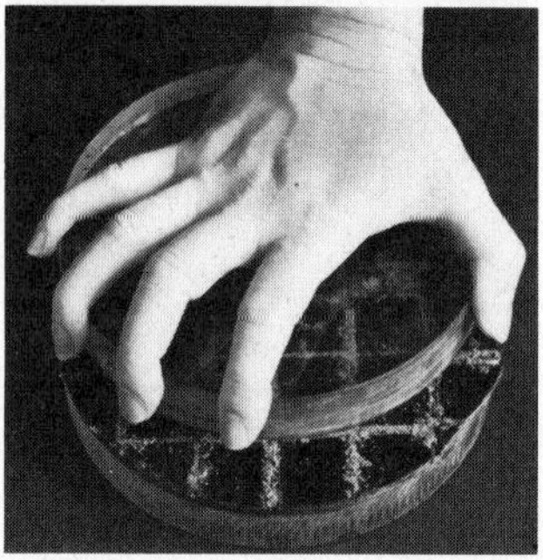

scheibe wird auf das noch einigermaßen weiche und warme Pech aufgelegt und mit einigem Druck in alle Richtungen bewegt, bis sich die Oberflächen aneinanderschmiegen.

Dann entfernt man den Spiegel und schneidet Rillen in das Pech, um quadratische Facetten herzustellen. Man beginnt im Mittelpunkt, damit die Facettierung nicht zentriert ist. Nach einer Reinigung wird der Spiegel in Wasser erwärmt. Dann wieder Polierrot und Wasser auftragen und den Spiegel auf die Pechhaut legen, um sie wieder in die richtige Form zu bringen: ist der Kontakt perfekt, dann kann mit dem Polieren begonnen werden.

Der Vorgang ist im Grunde der gleiche wie beim Schleifen, nur sind die Striche kürzer. Ratsam sind hierbei kurze Arbeitsperioden, in denen man die Pechhaut auch immer wieder mit dem Spiegel in die richtige Form preßt. Die Hände sollten kühl sein.

Ein Glas mit gutem Feinschliff darf beim Polieren keine Spuren von „Schleiflöchern" aufweisen. Wenn auch die Politur sorgfältig ausgeführt wird, mit durchweg gutem Gesamt-

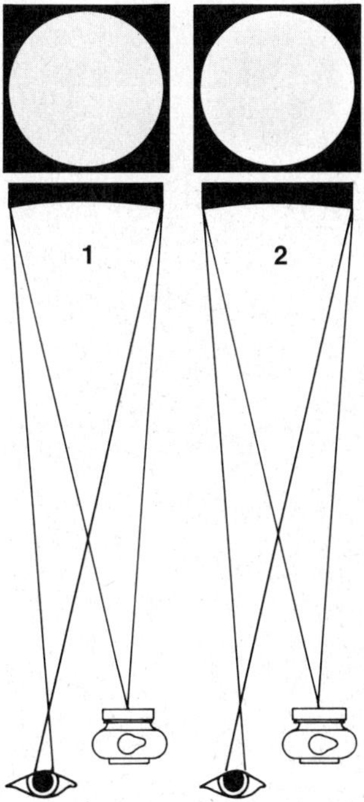

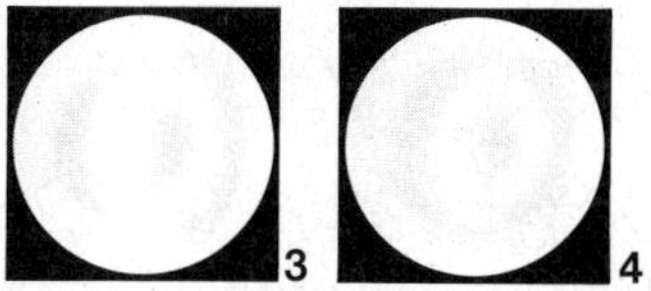

Das erste Ziel ist eine sphärische Oberfläche (1), die sich bei der Prüfung gleichmäßig verdunkelt. Eine parabolische Oberfläche (2) zeigt am Spiegelrand einen schwachen Kreis.
Ist der Spiegel unregelmäßig geschliffen, dann hilft nur geduldige Korrektur. Auf den Illustrationen 3–6 sind einige häufige Fehler dargestellt, die sich bei der beschriebenen Prüfmethode zeigen.

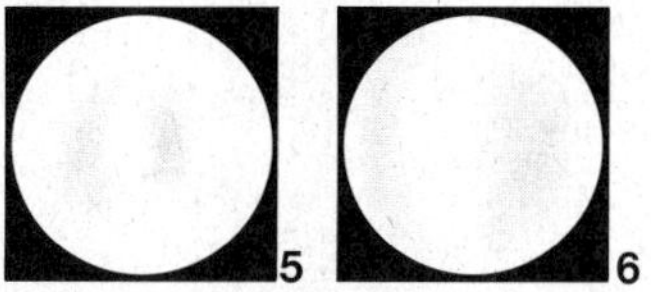

kontakt, dann ist das Ergebnis eine optisch polierte sphärische Oberfläche.

Prüfen

Geprüft wird im Krümmungsmittelpunkt. Dazu benötigt man eine Lampe hinter einer kleinen Nadelloch-Öffnung, die Licht auf den Spiegel wirft. Das Auge sollte sich so nahe wie möglich an dieser Öffnung befinden (siehe Zeichnung). Eine Messerschneide oder Rasierklinge wird auf einem Stück Holz angebracht und dazu benutzt, den reflektierten Lichtstrahl kurz vor dem Auge aufzufangen.

Der Spiegel verdunkelt sich gleichmäßig, wenn sich Nadelöffnung und Rasierklinge im Abstand des Krümmungsradius befinden und die Rasierklinge zwischen Auge und Spiegel geschoben wird. Verdunkeln sich einige Bereiche des Spiegels von links und andere von rechts, dann haben diese Zonen unterschiedliche Krümmungsradien.

Bei der Prüfung des Spiegels können sich auf seiner Oberfläche ziemlich tiefe kreisförmige Täler und Hügel zeigen, denn die Testmethode entdeckt Unregelmäßigkeiten von nur wenigen tausendstel Millimeter. Man kann sie mit weiterer sorgfältiger Politur ausgleichen.

Wenn dann der Spiegel vollkommen sphärisch ist, muß er zu einem Paraboloid geschliffen werden. Dazu kann man, wie zuvor, in kurzen Arbeitsabschnitten weiterpolieren, nur muß dabei der Spiegel etwa fünf Zentimeter über den Rand der Schleifschale hinausragen. Zwischendurch muß immer wieder geprüft werden; eine Unterkorrektur des Spiegels ist besser als ein paar Striche zuviel.

Wenn der Spiegel fertig geschliffen und poliert ist, reflektiert seine Oberfläche sechs Prozent des auftreffenden Lichts. Das reicht für die einfachsten Beobachtungszwecke, bei denen man helle Objekte wie den Mond anschaut, bereits aus. Um jedoch die Möglichkeiten des Spiegels voll zu nutzen, sollte man seine Oberfläche aluminisieren lassen. Dadurch steigt die Reflexionskraft auf über 90 Prozent, so daß auch die Beobachtung von astronomisch interessanten Objekten wie Planeten, Nebeln und Sternhaufen möglich wird. Eine Aluminiumschicht ist einer Silberbedampfung der Oberfläche auf jeden Fall vorzuziehen, weil sie unempfindlicher ist und ihr Reflexionsvermögen über Jahre hinweg beibehält.

Einpassen des Okulars

Das Messingrohr, in das der Okular-Halter hineingeschoben wird, muß genau über dem Prisma angebracht werden. Wenn das Rohr nicht genau senkrecht auf dem Prisma steht, leidet die optische Definition.

Das Messingrohr muß nur so lang sein, daß es die Steckhülse für das Okular fest genug aufnimmt, um damit durch Hin- und Herschieben scharf einzustellen.

Das Okular soll noch fester in seiner Halterung stecken, die wiederum leicht zu bewegen sein muß, um genau fokussieren zu können. Engsit-

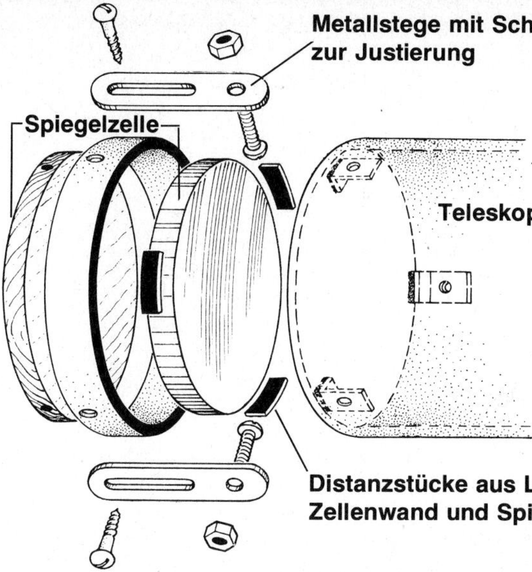

Die hier gezeigte Spiegelzelle besteht aus einer 1 cm dicken Sperrholzscheibe sowie einem Rohrstück, das von dem Teleskoprohr stammt. Zusätzliche Schrauben (nicht im Bild) verbinden die Scheibe und das Rohr dauerhaft miteinander, und kleine Metallstege halten die Spiegelzelle am Teleskoprohr fest. Wenn das Teleskop nicht in Gebrauch ist, kann die Zelle samt Spiegel sicherheitshalber abgenommen werden.

zende Rohre lassen sich mit feinem Schmirgelpapier passend schleifen. Das ist einfacher, als eine zu lockere Halterung enger zu machen.

Einbau des Prismas

Wenn man ein Rohr mit 127 mm Innendurchmesser verwendet, muß das Prisma so befestigt werden, daß sich der Mittelpunkt seiner langen Seite etwa 90 mm vom Spiegelbrennpunkt entfernt nach innen, d.h. zum Spiegel hin, befindet. Dort muß auch das Zentrum der Okularöffnung liegen. Die Lichtstrahlen treffen sich in einem Punkt etwa 25 mm außerhalb des Teleskoprohrs.

Die lange Seite des Prismas muß vollkommen sauber sein. Kleine Distanzstücke unter den Ecken verhindern einen Kontakt des Prismas mit der Hartholz-Halterung. Die Mutter der Mittelschraube muß versenkt werden. Die „Y-Halter“ werden sorgfältig von einem Stück Messing oder Aluminium abgeschnitten und zurechtgebogen.

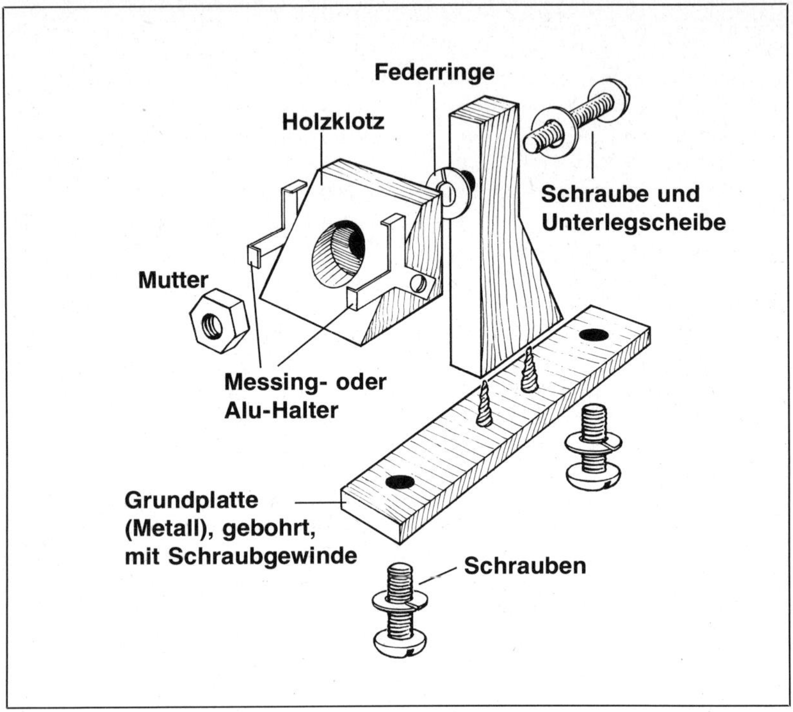
Federringe
Holzklotz
Schraube und
Unterlegscheibe
Mutter
Messing- oder
Alu-Halter
Grundplatte
(Metall), gebohrt,
mit Schraubgewinde
Schrauben

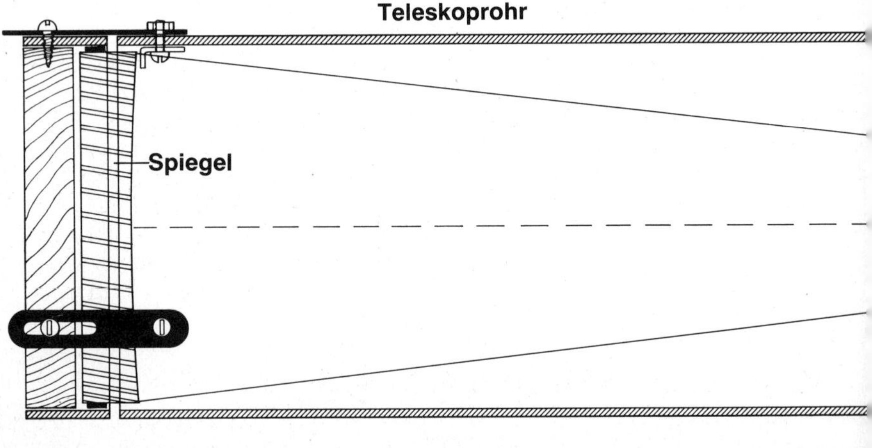
Teleskoprohr
Spiegel

Zentrieren des Teleskops

Das Teleskop muß noch ,,zentriert" werden, bevor man es benutzen kann. Dazu entfernt man das Okular und ersetzt es durch ein rundes, genau passendes Stück Karton mit einem Loch von 6 mm Durchmesser im Mittelpunkt. Dort blickt man hinein und dreht im Teleskoprohr so lange an den Federring-Schrauben, bis das Zentrum des Prismas genau auf das Okular ausgerichtet ist. Als nächstes wird der obere Teil der Prismenhalterung gedreht, bis das Prisma den unteren Teil des Teleskoprohrs zentral reflektiert.

Zuletzt wird der Spiegel sorgfältig justiert. Dazu lockert man die Metallstege geringfügig, so daß die Spiegelzelle ein wenig verschoben werden kann. Die Justierung ist beendet, wenn die Reflexion durch das Prisma dessen eigene Reflexion zentriert im Spiegel zeigt. Nach der Entfernung der Pappscheibe sollte der Beobachter eine Reihe von konzentrischen Reflexionen sehen, in deren Zentrum die Spiegelung seines eigenen Auges steht (siehe Bild). Die Spiegelzelle wird festgeschraubt, und das Teleskop ist einsatzbereit.

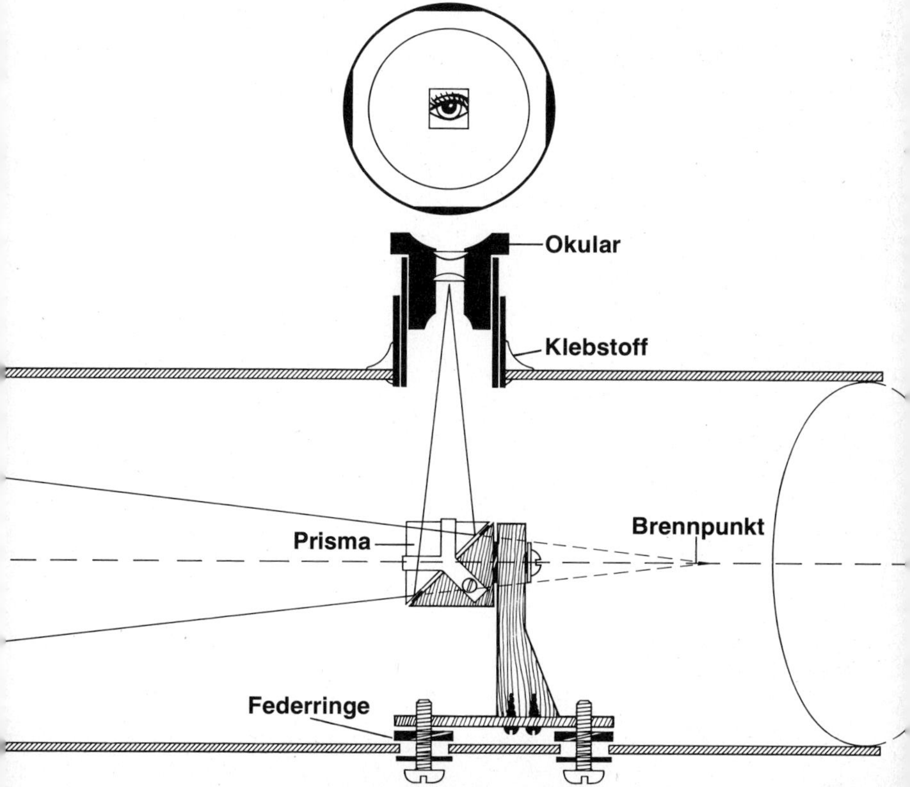

Eine drehbare Sternkarte

Die Sternkarten auf den folgenden Seiten kann man mit Hilfe dieser Bauanleitung zur Herstellung einer vielseitigen drehbaren Himmelskarte verwenden. In den Randzonen sind diese Karten verzerrt gezeichnet, wie es bei den äußeren Bereichen einer jeden flachen Karte der Fall ist, die eine gekrümmte Oberfläche darstellt. Für eine Spezialkarte wie diese, die gleichzeitig als praktisches Instrument dienen soll, ist das jedoch ein annehmbarer Kompromiß. Sie soll auf einen Blick mitteilen, welche Sternbilder zu einem bestimmten Zeitpunkt und an einem bestimmten Datum über dem örtlichen Horizont stehen.

Die drehbare Sternkarte läßt sich am einfachsten herstellen, indem man die gegenüberliegende Seite und die passenden Kartenhälften heraustrennt. Bevor man mit dem Ausschneiden und Zusammenbauen beginnt, wird alles auf dünnen Karton aufgeklebt. Die Karten sind so entworfen worden, daß sich die beiden Hälften genau zusammenfügen lassen.

Man kann die drehbare Karte auch anders anfertigen. Dazu klebt man zuerst ein Stück Zeichenpappe unter die gegenüberliegende Seite, am besten mit doppelseitigem Klebeband.

Die Punkte, die die Stunden anzeigen, dienen später zum Einstellen auf den Monats- und Tageskreis. Die Stundenlinien treffen sich in dem Punkt, der den nördlichen Himmelspol darstellt. Der elliptische Bogen, der als gestrichelte Linie eingetragen ist, gibt die Grenze des sichtbaren Himmelsausschnitts an – etwa für die Breite des Ruhrgebiets. Doch zeigt die Karte innerhalb eines erheblich größeren geographischen Bereichs ein realistisches Bild des Himmels. Die drehbare Sternkarte für den Südhimmel gilt für eine breite Zone nördlich und südlich 30° südlicher Breite.

Wenn man alle gestrichelten Linien durchstochen und auch den elliptischen Bogen des Himmelsausschnitts mit genügend Stichen markiert hat, kann man den Karton abnehmen und die Linien nachzeich-

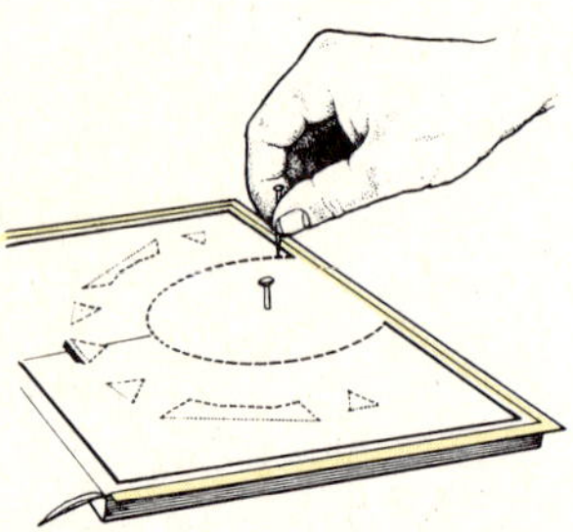

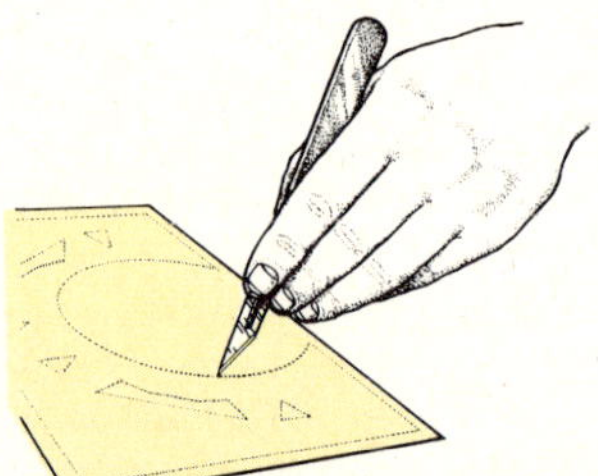

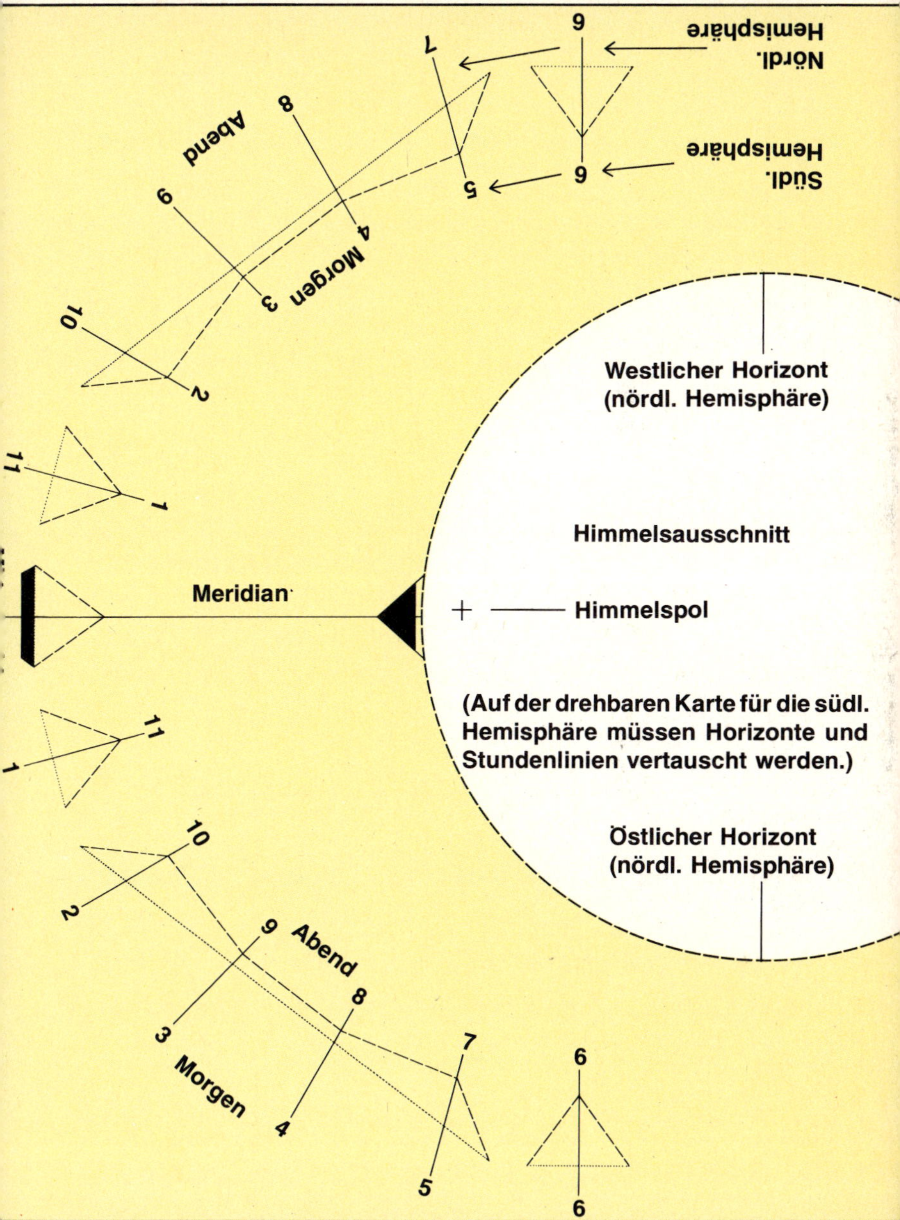
Nördl. Hemisphäre
Südl. Hemisphäre
Abend
Morgen
Westlicher Horizont
(nördl. Hemisphäre)
Himmelsausschnitt
Meridian
Himmelspol
(Auf der drehbaren Karte für die südl. Hemisphäre müssen Horizonte und Stundenlinien vertauscht werden.)
Östlicher Horizont
(nördl. Hemisphäre)
Abend
Morgen

nen. Nachdem man die Stundenzahlen aufgemalt hat, schneidet man mit einem scharfen Ziehmesser alle Linien sauber durch. Die Stunden gehen von 18 bis 6 Uhr. Für die nördliche Hemisphäre erstrecken sie sich im Gegenuhrzeigersinn von der Spitze aus; für die südliche Hemisphäre im Uhrzeigersinn von unten her. Der Pol (N oder S) liegt links. Ein nördlicher Beobachter muß die Ostseite des Himmelsausschnitts nach unten halten; auf der Südhalbkugel ist der Westen unten.

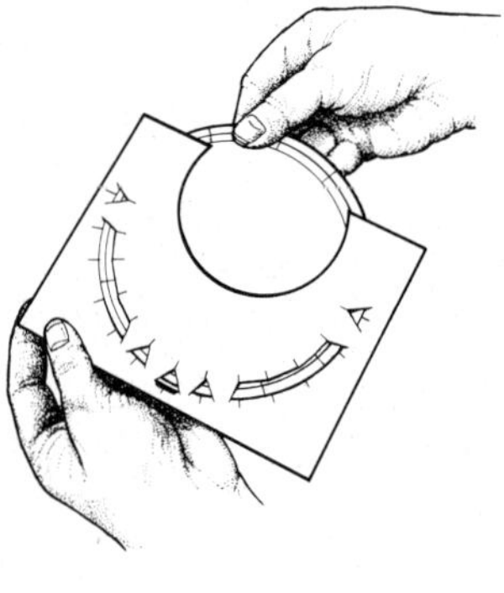

Nun biegt man den Karton an den gepunkteten Linien ein wenig um und schiebt die runde Sternkarte hinein. Dann werden die Anzeigekreise sichtbar, so daß die Karte gedreht und eingestellt werden kann.

Der Südhimmel

Auf einer Sternkarte des Südhimmels fallen viele Sterne auf, die ein nördlicher Beobachter nur kurz am unteren Südhorizont sehen kann. Andere Sterne wiederum gehören zu Konstellationen, die er nie zu Gesicht bekommt. Die meisten Bewohner der nördlichen Hemisphäre sind noch nicht einmal mit den Namen vieler Sternbilder jenseits 30° südlicher Breite vertraut. Verwirrung entsteht auch dadurch, daß manchmal Sternbilder genannt werden, deren Namen modifiziert oder vollkommen geändert wurden.

Im 17. und 18. Jahrhundert war eine Blütezeit der Seefahrt, und die Zunahme von astronomischen Expeditionen zur Südhalbkugel führte zu einer über-enthusiastischen Namensgebung für „neue" Konstellationen. Die Resultate waren nicht immer überzeugend, und einige Namen stifteten erhebliche Verwirrung, weil ähnliche Bezeichnungen bereits auf der Nordhalbkugel existierten. Einige Namen standen für erhoffte oder bereits empfangene Protektion und Unterstützung. Die meisten dieser Bezeichnungen wurden entweder nicht allgemein anerkannt, schnell wieder fallengelassen oder abgeändert. Die kleine und nicht sonderlich helle Konstellation Equuleus, das Füllen, konkurrierte mit einem anderen Equuleus, das nichts mit Pferden zu tun hat – mit vollem Namen heißt dieses Sternbild Equuleus Pictoris (Staffelei des Malers). Heute kennen wir es einfach als Pictor, den Maler. Ebenso wurden andere lange und umständliche Namen auf ein annehmbares Maß zurechtgestutzt. Pyxis Nautica (Schiffskompaß) ist nun Pyxis; Octans, die südliche Polkonstellation, hieß vormals Octans Hadleianus (Hadleys Oktant), während Fornax und Antlia (Ofen und Luftpumpe) früher mit den Beiwörtern „Chemica" und „Pneumatica" geschmückt waren. Sowohl Laien als auch Astronomen können dankbar sein, daß Auswüchse der Technologie des 18. Jahrhunderts wie der „Globus Aerostaticus" (Luftballon) verschwunden sind. Man hat uns auch vor den mißglückten Neuschöpfungen des Astronomen Wilhelm Bode verschont, der nicht wenige Prachtstücke in seiner Sammlung hatte: Officina Typografica, Honores Frederici und das international unannehmbare Sceptrum Brandenburgicum (Brandenburgisches Zepter).

Das ehemals große Schiff Argo besteht heute aus mehreren überschaubaren Teilen – eine erhebliche Vereinfachung, wenn auch ihre Anordnung für Beobachter auf dem Äquator oder in den Tropen seltsam erscheinen mag.

Der Wechsel der Jahreszeiten verändert den Südhimmel ganz beträchtlich. Im Frühjahr bietet sich dem nördlichen Beobachter ein ziemlich karges Bild: Canes Venatici, Coma und Virgo südlich des Großen Bären. In Südafrika, Australien und Neuseeland jedoch ist der Himmel übersät mit hellen Sternen: Scorpius, Centaurus, Kreuz des Südens, Carina und Vela sind voll im

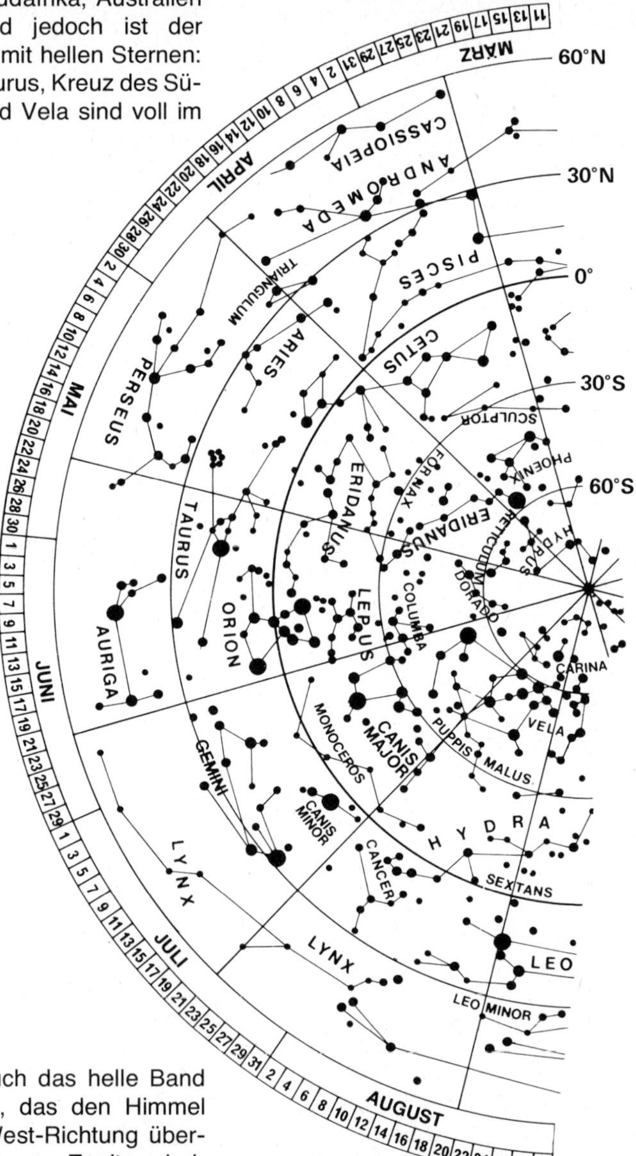

Blickfeld wie auch das helle Band der Milchstraße, das den Himmel genau in Ost-West-Richtung überspannt und nahe am Zenit vorbeiführt.

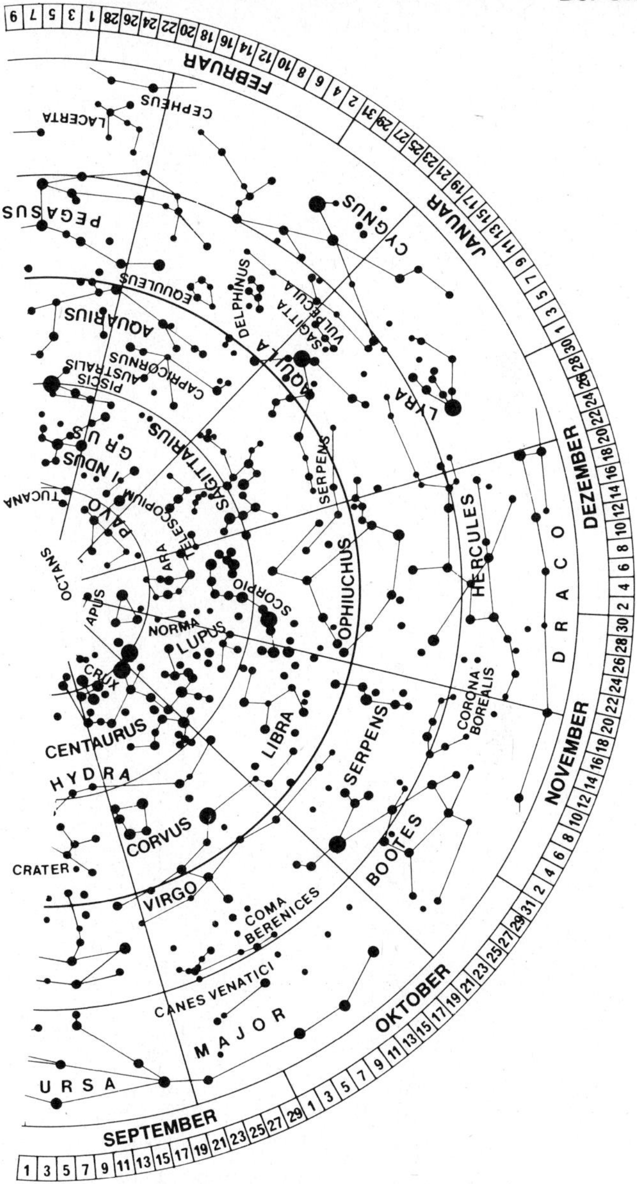
FEBRUAR
JANUAR
DEZEMBER
NOVEMBER
OKTOBER
SEPTEMBER
CEPHEUS
LACERTA
PEGASUS
CYGNUS
EQUULEUS
DELPHINUS
SAGITTA
VULPECULA
AQUARIUS
AQUILA
CAPRICORNUS
PISCIS AUSTRALIS
LYRA
GRUS
INDUS
SAGITTARIUS
SERPENS
TUCANA
PAVO
SCORPIUM
TELESCOPIUM
HERCULES
DRACO
OCTANS
ARA
OPHIUCHUS
SCORPIO
APUS
NORMA
LUPUS
CRUX
CORONA BOREALIS
CENTAURUS
LIBRA
SERPENS
HYDRA
CORVUS
BOOTES
CRATER
VIRGO
COMA BERENICES
CANES VENATICI
URSA MAJOR

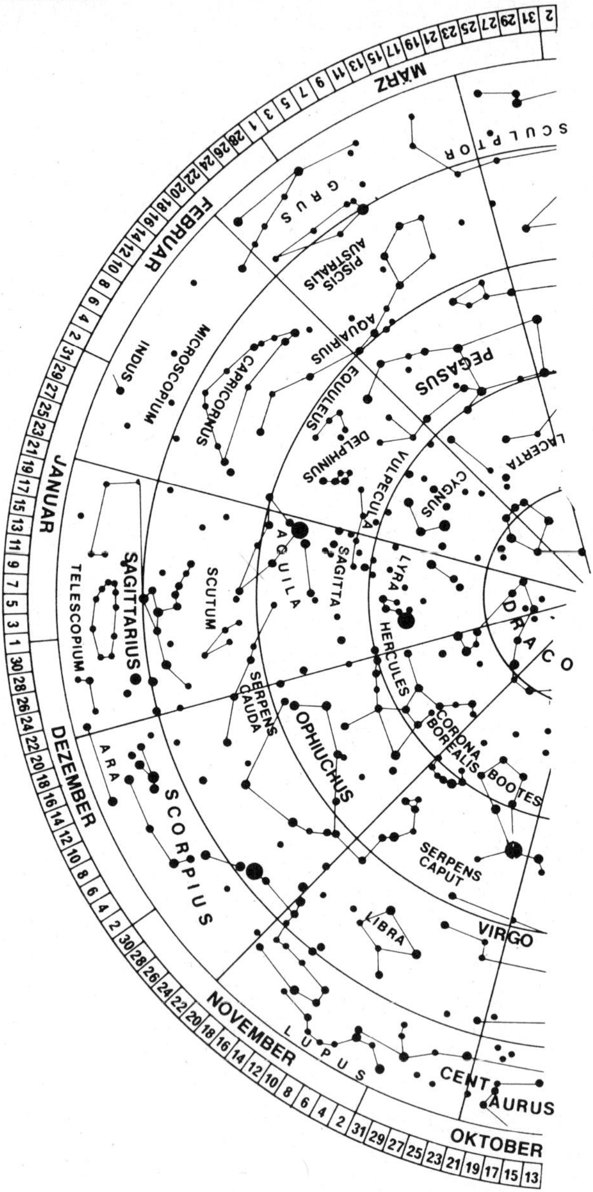
MÄRZ
FEBRUAR
JANUAR
DEZEMBER
NOVEMBER
OKTOBER
SCULPTOR
GRUS
PISCIS AUSTRALIS
AQUARIUS
PEGASUS
LACERTA
INDUS
MICROSCOPIUM
CAPRICORNUS
EQUULEUS
DELPHINUS
VULPECULA
CYGNUS
TELESCOPIUM
SAGITTARIUS
SCUTUM
AQUILA
SAGITTA
LYRA
DRACO
HERCULES
SERPENS CAUDA
OPHIUCHUS
CORONA BOREALIS
BOOTES
ARA
SCORPIUS
SERPENS CAPUT
LIBRA
VIRGO
LUPUS
CENTAURUS

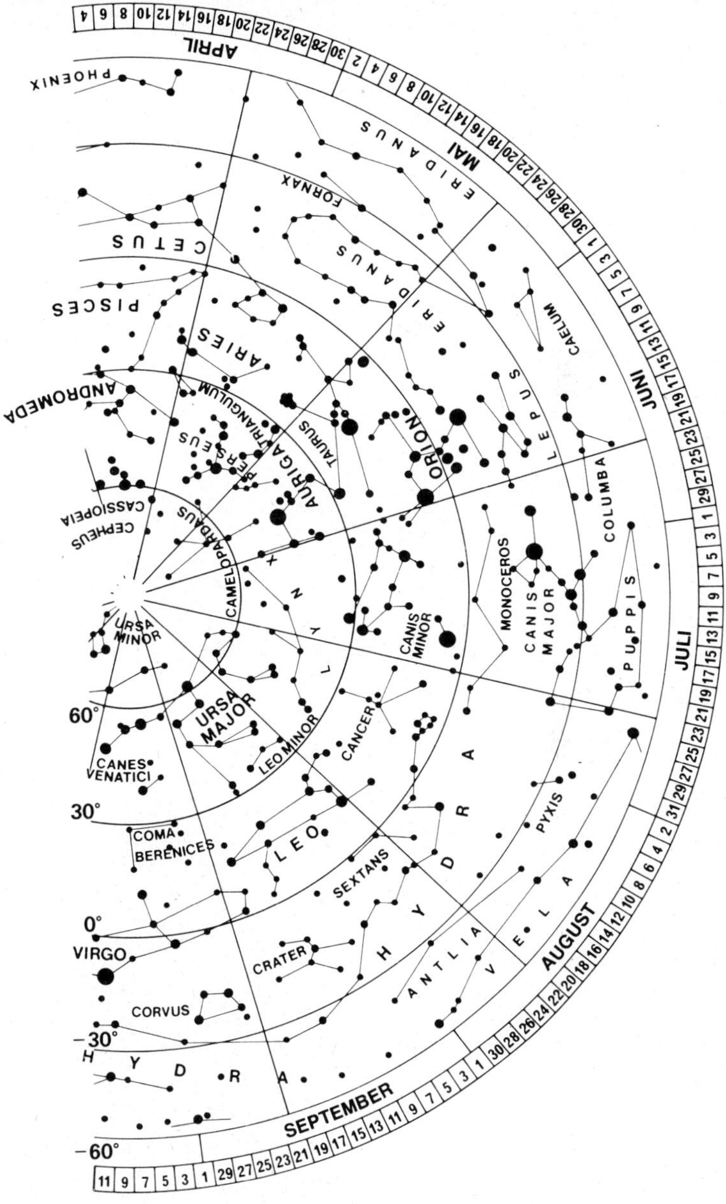
APRIL
MAI
JUNI
JULI
AUGUST
SEPTEMBER
PHOENIX
ERIDANUS
FORNAX
CETUS
PISCES
ARIES
ANDROMEDA
TRIANGULUM
PERSEUS
CASSIOPEIA
CEPHEUS
CAMELOPARDALIS
AURIGA
TAURUS
ORION
LEPUS
CAELUM
COLUMBA
MONOCEROS
CANIS MAJOR
CANIS MINOR
PUPPIS
LYNX
URSA MINOR
URSA MAJOR
LEO MINOR
CANCER
HYDRA
PYXIS
CANES VENATICI
COMA BERENICES
LEO
SEXTANS
ANTLIA
VELA
CRATER
VIRGO
CORVUS
60°
30°
0°
−30°
−60°

Der Nordhimmel

Der Bewohner der mittleren nördlichen Breiten kann eine auffällige Erscheinung am Himmel beobachten: die Aufeinanderfolge heller und deutlich erkennbarer Konstellationen, die entweder als Ganzes nicht untergehen, oder deren hellste Sterne immer über dem Horizont bleiben. Man kann sich die Sternbilder, die den Himmelspol umkreisen, sehr leicht einprägen: Cassiopeia, der nördliche Teil des Lynx, der Große Wagen im Großen Bären, Draco und Cepheus. Für Beobachter der mittleren Breiten sind folgende Sterne zirkumpolar: die helle, bläuliche Wega, die strahlende Capella (Alpha Aurigae), Deneb (Alpha Cygni) und Mirfak (Alpha Persei). Außer diesen für ihre Helligkeit bekannten Sternen geht auch Algol, der Teufelsstern (Beta Persei), nicht unter, ebenso wie der Andromeda-Nebel. Der größte Kugelsternhaufen des Nordhimmels, M 13 im Herkules, taucht nur während drei von 24 Stunden unter den nördlichen Horizont, und im Sommer geht er nur am Tage unter. Im Gegensatz zur Südhalbkugel läßt sich auf der nördlichen Hemisphäre der Nordpunkt am Horizont in einer klaren Nacht mit ziemlicher Genauigkeit auffinden, auch mit minimalen astronomischen Kenntnissen. Der Polarstern, der den nördlichen Himmelspol fast exakt anzeigt, ist ein Stern zweiter Größenordnung, den man nicht verfehlen kann: die beiden hinteren Sterne des Wagens sind die sogenannten Polweiser, deren verlängerte Verbindungslinie zum Polarstern führt. Der winzige Kreis, den der Polarstern um den Himmelspol beschreibt, hat einen Radius von nur etwa einem Grad. Eine gedachte senkrechte Linie vom Polarstern zum Horizont zeigt den Nordpunkt an. Wenn Polaris genau über oder unter dem Himmelspol steht, zeigt ein solches Lot haargenau die Richtung Norden an.

Mit der hier abgebildeten einfachen Sternkarte – besser noch mit der drehbaren Version – kann sich jeder schnell mit dem Bild des Nachthimmels vertraut machen und die Veränderungen beobachten, die der Jahreszeitenwechsel mit sich bringt.

Vier Sternbilder

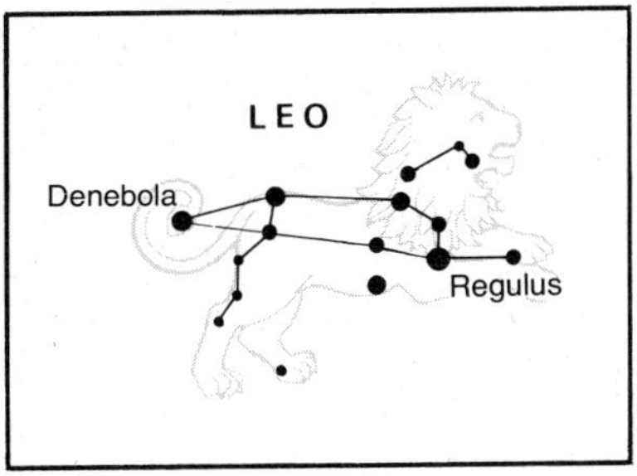

Leo

Löwe. Das zwölftgrößte der Sternbilder, der Löwe, steht Anfang April gegen 21 Uhr auf dem Meridian, Regulus, sein hellster Stern, steht fast genau auf der Ekliptik, ähnlich wie Spica in der Jungfrau (Virgo), die seinen Platz drei Stunden später einnimmt.

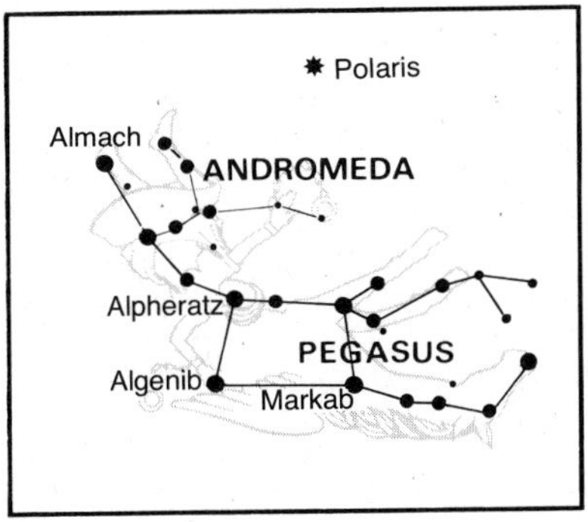

Pegasus

Die siebtgrößte Konstellation: nicht sonderlich auffällig, aber mit 28 Sternen, die heller als Größe 5 sind, und einem leuchtenden Kugelhaufen (M 15). Pegasus hat zwei Veränderliche mit sehr langen Perioden, die in ihrem Helligkeitsmaximum im Fernglas beobachtet werden können: R und S Peg, deren Leuchtkraft um das 330- bzw. 250fache schwankt, mit Perioden von 380 und 318 Tagen. Höchststand: Ende Oktober am späten Abend.

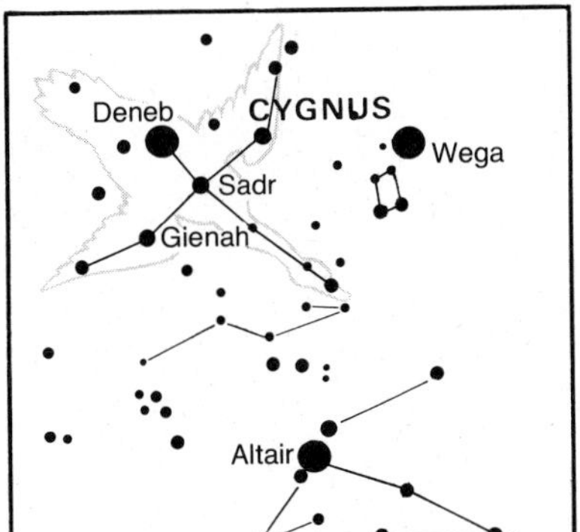

Cygnus

Schwan. Der „fliegende Schwan", der seinen Hals entlang der Milchstraße nach Süden streckt, ist eine der wenigen Figuren, die man sich gut vorstellen kann. In einem kleinen Teleskop entpuppt sich Albireo (Beta Cygni) als ein wunderbar farbiges Doppelsystem – der eine Stern gold-orange, der andere blau.

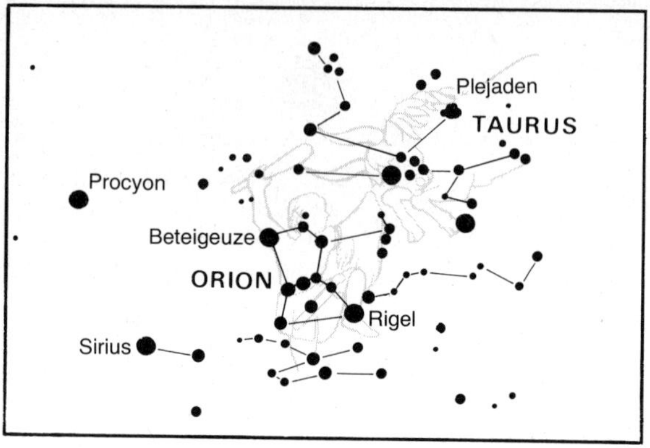

Chi 2 Cygni ist ein 406-Tage-Veränderlicher, 4. Größe im Maximum, flaut in seinem Minimum auf etwa $^1/_{10000}$ ab.

Taurus

Stier. Für den nördlichen Beobachter steht Taurus am prächtigen Winterhimmel. Er zieht vor Orion und den Zwillingen (Gemini) auf; Perseus und Auriga stehen nördlich – alles Konstellationen mit hellen Sternen. Taurus ist für seine beiden offenen Haufen bekannt: die Hyaden, die sich um ihren hellsten Stern Aldebaran scharen und die Plejaden. Im Stier gibt es einen Veränderlichen mit einer Helligkeitsschwankung von 100 Prozent innerhalb von 3 Tagen 23 Stunden. Mitte Februar um 19 Uhr auf dem Meridian.

Die Mondkarte

1. *Sinus Roris (Taubucht)*
2. *Mare Frigoris (Meer der Kälte)*
3. *Sinus Iridum (Regenbogenbucht)*
4. *Mare Imbrium (Regenmeer)*
5. *Lacus Somniorum (See der Träume)*
6. *Mare Serenitatis (Meer der Heiterkeit)*
7. *Mare Crisium (Meer der Gefahren)*
8. *Mare Tranquillitatis (Meer der Ruhe)*
9. *Mare Fecunditatis (Meer der Fruchtbarkeit)*
10. *Mare Nectaris (Honigmeer)*
11. *Mare Vaporum (Meer der Dämpfe)*
12. *Sinus Aestuum (Hitzebucht)*
13. *Oceanus Procellarum (Ozean der Stürme)*
14. *Mare Humorum (Meer der Feuchtigkeit)*
15. *Mare Nubium (Wolkenmeer)*
16. *Sinus Medii (Zentralbucht)*

Die Mondkarte

Wenn man den Mond mit einem nicht allzu kleinen Teleskop betrachtet, braucht man bereits eine detailliertere Karte als die hier abgebildete. Für eine Beobachtung der Mondoberfläche mit einem Fernglas ist diese Karte jedoch ein ausreichender Führer.

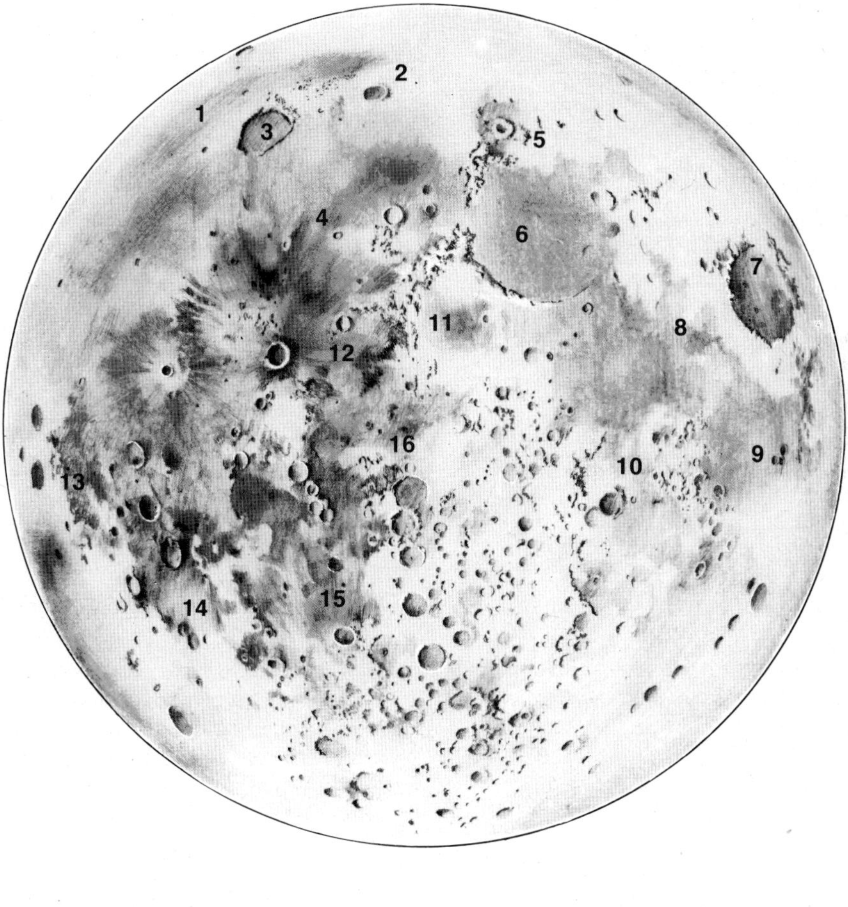

Die wichtigsten Observatorien

Für die moderne astronomische Forschung sind große Teleskope unentbehrlich – nicht etwa, weil sie stärker vergrößern als kleine Fernrohre, sondern weil mit ihnen viel feinere Details unterschieden werden können. Ihre größere Lichtstärke läßt sie auch weiter in das Weltall hinausreichen.

Bereits im 18. Jahrhundert entbrannte unter den Astronomen ein Streit um die Entscheidung, ob Reflektoren (Spiegelteleskopen) oder Refraktoren (Linsenfernrohren) der Vorzug zu geben sei.
Heute wird diese Frage durch den Beobachtungszweck entschieden, den der Astronom verfolgt. Legt er

Wert auf ein großes Fernrohr, wird er sich für ein Spiegelteleskop entscheiden. Selbst wenn man Linsen herstellen könnte, die nur annähernd so groß sind wie die riesigen modernen Spiegel, wären sie so dick und schwer, daß eine Montage am oberen Ende von genügend langen Teleskoprohren unmöglich wäre.

Ein großes Spiegelteleskop wird durch die Verwendung kleiner Hilfsspiegel einem erheblich längeren Refraktor durchaus ebenbürtig. Aus diesem Grunde können die Kosten für Fernrohrkuppeln im Rahmen des finanziell Möglichen gehalten werden. Spiegelteleskope haben einen weiteren großen Vorteil: die optische

Oberfläche des Spiegels reflektiert alle Wellenlängen des Lichts mit fast gleicher Intensität in einen Brennpunkt.

Will man die Möglichkeiten eines großen Teleskop ausnutzen, dann muß man es in einer Umgebung aufstellen, in der die Atmosphäre klar und ruhig ist. Die meisten Turbulenzen, die die Leistung eines Teleskops beeinträchtigen, entstehen in den unteren Schichten der Atmosphäre. Sternwarten mit großen Teleskopen stehen meist abseits der großen Städte, um deren nächtlichem Streulicht zu entgehen. Man findet sie hoch über den turbulenten unteren Luftschichten und der Nebelzone.

Um optimale Resultate zu erzielen, muß auch die Sonnenforschung, die ganz spezielle Instrumente verwendet, in einer klaren Atmosphäre durchgeführt werden. Sonnenobservatorien stehen meist in den Bergen. Die Sammelspiegel werden auf hohen Türmen montiert, um die Turbulenzen des warmen Erdbodens auszuschalten.

Radioastronomen brauchen nicht so wählerisch zu sein, denn der Großteil der Radiostrahlung aus dem Weltraum wird weder durch das Tageslicht noch durch Witterungsverhältnisse beeinträchtigt.

Obwohl bereits viele wichtige Forschungsstätten wegen Platzmangel ausgelassen wurden, macht die Karte deutlich, daß die meisten bedeutenden Observatorien auf der nördlichen Hemisphäre stehen. Noch vor wenigen Jahrzehnten war das Verhältnis zwischen Nord und Süd noch viel unausgewogener. Heute jedoch beobachtet man auch den Himmel der hohen südlichen Breiten mit Instrumenten, die bis vor einiger Zeit noch als wahre Giganten galten.

1. Tierkreis-Name	**Datum des mitternächtl. Meridian-Durchgangs**	
Pisces	25	Sep
Aries	28	Okt
Taurus	28	Nov
Gemini	5	Jan
Cancer	28	Jan
Leo	28	Feb
Virgo	11	Apr
Libra	14	Mai
Scorpius	27	Mai
Sagittarius	7	Juli
Capricornus	3	Aug
Aquarius	26	Aug

2. Südliche Hemisphäre Name	Datum des mitternächtl. Meridian-Durchgangs		3. Nördliche Hemisphäre Name	Datum des mitternächtl. Meridian-Durchgangs	
Antila	20	Feb	Andromeda	1	Okt
Apus	14	Mai	Aquila	14	Juli
Ara	3	Juni	Auriga	21	Dez
Argo	21	Jan	Boötes	30	Apr
Caelum	30	Nov	Camelopardalis	16	Dez
Carina	31	Jan	Canes Venatici	6	Apr
Centaurus	11	Apr	Canis Minor	13	Jan
Cetus	17	Okt	Cassiopeia	21	Sep
Chamaeleon	1	Mär	Cepheus	21	Aug
Circinus	4	Mai	Coma Berenices	1	Apr
Columba	16	Dez	Corona Bor.	14	Mai
Corona Aust	14	Mai	Cygnus	29	Juli
Corvus	29	Mär	Delphinus	30	Juli
Crater	14	Mär	Draco	22	Mai
Crux Austr.	27	Mär	Equuleus	8	Aug
Dorado	6	Dez	Hercules	8	Juni
Eridanus	17	Nov	Lacerta	27	Aug
Fornax	27	Okt	Leo Minor	25	Feb
Grus	26	Aug	Lynx	2	Juli
Horologium	10	Nov	Lyra	2	Juli
Hydra	7	Mär	Orion	11	Dez
Malus	5	Feb	Pegasus	23	Aug
Octans	(Polar)		Perseus	10	Nov
Phoenix	21	Sep	Sagitta	19	Juli
Pictor	13	Dez	Serpens	15	Mai
Piscis Austr.	16	Aug	Triangulum	21	Okt
Puppis	16	Jan	Ursa Major	7	Mär
Sextans	23	Feb	Ursa Minor	17	Mai
Vela	13	Feb	Vulpecula	24	Juli

Sonne, Mond, Planeten

Name	Mittlerer Durchmesser (km)	(Erde = 1)	Masse (Erde = 1)
Sonne	1392000	109,13	333434
Mond	3476	0,272	0,0123
Merkur	4878	0,38	0,055
Venus	12104	0,95	0,815
Erde	12742	1	1
Mars	6770	0,53	0,107
Jupiter	139156	11,2	317,89
Saturn	114520	9,5	95,19
Uranus	51800	4,07	14,52
Neptun	50220	3,94	17,63
Pluto	2800	0,22	0,003

Helle Sterne

Stern	Name	Größe	Rekt H	Rekt M	Dek Grad	Dek Min	Entfernung L.J.
α CMa	Sirius	–1,47	6	43	–16	39	8,7
α Car	Canopus	–0,71	6	23	–52	40	300,0
α Cen	Rigil Kent	0,27	14	36	–60	38	4,0
β Boo	Arcturus	0,06	14	13	–19	26	36,0
α Lyr	Wega	0,03	18	35	+38	44	26,0
β Ori	Rigel	0,08	5	12	– 8	15	850,0
α Aur	Capella	0,09	5	13	+45	57	45,0
α CMi	Procyon	0,34	7	37	+ 5	21	11,0
α Eri	Achernar	0,49	1	36	–57	29	75,0
β Cen	Agena	0,61	14	00	–60	08	300,0
α Aql	Altair	0,75	19	48	+ 8	44	16,0
α Cru	Acrux	0,80	12	24	–62	49	270,0
α Ori	Beteigeuze	0,92 (var)	5	53	+ 7	24	650,0
α Sco	Antares	0,92	16	26	–26	19	400,0
α Vir	Spica	0,98	13	23	–10	54	220,0
β Gem	Pollux	1,15	7	42	+28	09	35,0
α Psa	Fomalhaut	1,16	22	55	–29	53	23,0
α Cyg	Deneb	1,26	20	40	+45	06	1500,0
β Cru	Mimosa	1,28	12	45	–59	25	370,0
α Leo	Regulus	1,33	10	06	+12	14	85,0
λ Ori	Bellatrix	1,61	5	23	+ 6	18	450,0

Mittlere Entfernung zur Sonne (Millionen km)	(in Erdentfernungen)	**Umlaufdauer** (T = Tage/J = Jahre)	**Bekannte Monde**
–	–	–	–
–	–	27,322 T	–
57,91	0,387	87,97 T	–
108,21	0,723	224,7 T	–
149,598	1	365,26 T	1
227,94	1,524	686,98 T	2
778,4	5,203	11,862 J	14
1427	9,539	29,46 J	11
2,87	19,182	84,01 J	5
4,5	30,059	164,79 J	2
5,92	39,6	249,00 J	1

Bücher

Einführungen

Engelbrektson, Sune. **Sterne und Weltall.** Goldmann TB, München 1975.
Eine leichtverständliche Einführung, die auch einige der neueren Forschungsergebnisse berücksichtigt.

Gerstenberger, Max. **Astronomie des Alltags.** Kosmos, Franckh'sche Verlagshandlung, Stuttgart 1976.
Der Autor erläutert die alltäglichen Vorgänge und Erscheinungen am Himmel und richtet sich auch an die Besucher von Volkssternwarten.

Erforschter Weltraum. Herder, Freiburg 1975.
Umfangreiche Einführung in die Astronomie mit vielen Bildern.

Herrmann, Joachim. **Astronomie, die uns angeht.** Bertelsmann, Gütersloh 1973.
Ein populär geschriebenes und reichhaltig bebildertes Buch.

Herrmann, Joachim. **Gesetze des Weltalls.** Kosmos, Franckh'sche Verlagshandlung 1975.
Eine ausgezeichnete Einführung in die Bewegung der Himmelskörper, auch zum Rechnen und Beobachten.

Krause, Arthur und Fischer, Christian. **Himmelskunde für Jedermann.** Kosmos, Franckh'sche Verlagshandlung, Stuttgart 1978.
Detailliert geschriebene Einführung in die Astronomie.

Weiterführende Literatur

Astronomie. Hrsg. Karl Stumpff. Fischer TB, Frankfurt 1975.
Lexikon mit leichtverständlichen Artikeln zu den wichtigsten Themen der Astronomie. Mit ausführlichem Register zum schnellen Nachschlagen.

Herrmann, Joachim. **dtv-Atlas zur Astronomie.** dtv, München 1977.
Ausgezeichnetes Nachschlage- und Informationswerk mit übersichtlicher Gliederung, genauen Angaben und neuesten Forschungsergebnissen.

Lexikon „Weltraumphysik". Herder, Freiburg 1975.
Über 2300 Stichworte zu allen Bereichen der Astronomie; schwarzweiß bebildert.

Meyers Handbuch über das Weltall. Bibliographisches Institut, Mannheim 1972.
Umfangreiches, klar gegliedertes Informationswerk, auch über Raumfahrt.

Müller, B. **Grundzüge der Astronomie.** Physik Verlag, 1973.
Für den ambitionierten Amateur und den Fachmann. Zum Mitrechnen.

Sautter, Helmut. **Astrophysik I & II.** Fischer UTB, Frankfurt 1972.
Fachbücher, die einige Grundkenntnisse verlangen.

Schaifers, Karl. **Geschwister der Sonne.** Hoffmann & Campe, 1976.
Die Sterne und ihre Entwicklung.

Spannend und detailliert geschriebener Bericht über die Methoden und Ergebnisse der modernen Stellarastronomie, mit Fotos.

Störig, Hans-Joachim. **Knaurs moderne Astronomie.** Droemer Knaur TB, München 1972.
Unterhaltsame, genaue und umfangreiche Einführung in die moderne Astronomie. Schwerpunkt: Sterne, Galaxien, Weltganzes.

Unsöld, Albrecht. **Der neue Kosmos.** Springer, Berlin 1974.
Fachbuch mit vielen Diagrammen und Zahlen, aber auch für den interessierten Laien.

Weigert, A. und Zimmermann, H. **ABC Astronomie.** Dausien, Hanau 1974.
Lexikon mit Sternkarte.

Sonnensystem und Astronautik

Hahn, Hermann-Michael. **Erde, Sonne und Planeten.** Kiepenheuer & Witsch, Köln 1978.
Ein packend geschriebenes Buch über unser Sonnensystem, mit den neuesten Forschungsergebnissen. Reich bebildert mit den Fotografien der Raumsonden. Die einzige deutsche Zusammenfassung zu diesem Thema.

Köhler, Horst W. **Der Mars.** Vieweg, 1978.
Speziell auf unseren Nachbarplaneten zugeschnitten. Mit den Viking-Fotos und den Auswertungen der NASA.

Stanek, Bruno und Pesek, Ludek. **Neuland Mars – Erkundung eines Planeten.** Hallwag, Bern 1976.
Die Geschichte der Marsforschung bis zur Viking-Mission.

Stanek, Bruno und Pesek, Ludek. **Space Shuttles – Die neue Brücke ins All.** Hallwag, Bern 1975.
Reich bebilderte Einführung in den zukünftigen Fährverkehr ins All.

Zimmer, Harro und Marfeld, A. F. **Weltraumfahrt.** Safari, 1976.
Von der V 1 bis zur Voyager-Sonde. Ein umfassendes Buch über die Astronautik.

Praktische Astronomie und Sternkarten

Ahnert, Paul. **Kalender für Sternfreunde.** Johann Ambrosius Barth, Leipzig.
Jährliches Standardwerk über Planetenbahnen, Finsternisse, Veränderliche, Sonne, Mond usw. Zusammenfassung der neuesten Forschungen.

Büdeler, Werner. **Blick ins Weltall – Ein Handbuch für Hobby-Astronomen.** Mosaik Verlag, München 1978.
Himmelsbeobachtung, Orientierung, Fernrohre, Astrofotografie und Satellitenfunk: eine erste Einführung für den Laien, ausführlich beschrieben.

Ekrutts Sterne Kompaß. Gräfe & Unzer.
Handliches, kleines Sternkarten-Büchlein zum Mitnehmen.

Haber, Peter und Herrmann, Joachim. **Das Weltall entdecken mit einem selbstgebauten Spiegelteleskop.** Rudolf Müller, Köln 1975.
Anleitungen zum Fernrohrbau, zur Beobachtung und zur Astrofotografie. Besonders für Jugendliche.

Hahn, Hermann-Michael. **Astronomie – ein modernes Hobby.** Arena, Würzburg 1976.
Selbstbau von Instrumenten, praktische Beobachtung, Fotografie und viele Tips für die Praxis, von einem Praktiker geschrieben. Auch für Jugendliche geeignet.

Herrmann, Joachim. **Der Amateurastronom.** Kosmos, Franckh'sche Verlagshandlung, Stuttgart 1976.
Viele praktische Hinweise für den Himmelsbeobachter.

Klepešta, J. und Rükl, A. **Kosmos Himmelskarten.** Kosmos, Franckh'sche Verlagshandlung, Stuttgart.
Sternkarten für die nördliche und die südliche Hemisphäre.

Nachtleuchtende Sternkarte für Jedermann. Kosmos, Franckh'sche Verlagshandlung, Stuttgart.
Äußerst nützliches Hilfsmittel zur Ortsbestimmung von Sternen, Auf- und Untergangszeiten von Sonne und Planeten.

Rohr, Hans. **Das Fernrohr für Jedermann.** Rascher, Zürich 1959.
Eine der ausführlichsten und bewährtesten Anleitungen zum Selbstschliff eines Spiegels.

Roth, Günter D. **Sterne und Planeten.** BLV, München 1975.
Unentbehrliches Hilfsmittel für den Himmelsbeobachter mit einem kleinen Teleskop: Mond-, Planeten- und Sternkarten mit Hunderten von interessanten Objekten.

Schroeder, Wolfgang. **Praktische Astronomie für Sternfreunde.** Kosmos, Franckh'sche Verlagshandlung, Stuttgart 1976.
Für Bastler, die Spaß am Eigenbau haben: Sonnenuhr, Astrolabium, Himmelsglobus, Quadrant. Tips für die Beobachtung.

Taschenatlas: Mond, Mars, Venus. Dausien, Hanau 1977.
Karten und detaillierte Beschreibungen.

Texereau, Jean und de Vaucouleurs, Gerard. **Astrofotografie für Jedermann.** Kosmos, Franckh'sche Verlagshandlung 1964.
Solide Einführung für die ersten Astrofoto-Versuche.

Widmann, Walter und Schütte, Karl. **Welcher Stern ist das?** Kosmos, Franckh'sche Verlagshandlung, Stuttgart 1977.
Gut geeignet zum Einprägen der Sternbilder; mit 60 Karten.

Spezielle Themen

Golden, Frederic. **Rätsel am Rande des Universums.** Diederichs, Düsseldorf 1976.
Spannender, fast romanhaft anmutender Bericht über die moderne Astronomie und die sie interessierenden Objekte: Pulsare, Quasare, Schwarze Löcher.

Herrmann, Dieter B. **Geschichte der Astronomie von Herschel bis Hertzsprung.** VEB, Berlin 1978.
Drei Jahrhunderte Astronomie.

Karamanolis, Stratis. **OSCAR Amateurfunk-Satelliten.** S. Karamanolis, Ödenstockacherstr., 8011 Ottobrunn.
Das Satelliten-Projekt für Funkamateure.

Mitton, Simon. **Die Erforschung der Galaxien.** Springer, Hamburg 1978.
Die neuesten Ergebnisse der Erforschung des extragalaktischen Raums. Anspruchsvoll.

Weinberg, Steven. **Die ersten drei Minuten.** Piper, 1976.
Packender Bericht von der Entstehung des Universums, wie sie im Lichte der letzten wissenschaftlichen Erkenntnisse erscheint.

Zeitschriften

Sterne und Weltraum. Verlag Sterne und Weltraum, Box 140 165, 4000 Düsseldorf 14.
Monatliche Zeitschrift, die für den engagierten Amateur unentbehrlich ist. Für Mitglieder der Vereinigung der Sternfreunde frei.

Sky and Telescope. Sky Publ. Corp., 49–51 Bay State Road, Cambridge, Mass. 02138, USA.
Mit phantastischen Farbbildern; auf Englisch.

Adressen, Vereine

Vereinigung der Sternfreunde e.V.
Jagdfeldring 31
8013 Haar/Obb.

Materialzentrale der Vereinigung der Sternfreunde e.V.
Munsterdamm 90
1000 Berlin 41
Alles zum Selbstschliff eines 15-cm-Spiegels, Filme, Hilfsmittel für die Beobachtungs-Praxis.

Volkssternwarten sind u.a. in folgenden Orten zu finden:
Aachen, Augsburg, Bayreuth, Berlin, Bochum, Bremen, Darmstadt, Dortmund, Düsseldorf, Essen, Frankfurt, Freiburg, Hamburg, Köln, Mainz, Ludwigshafen, Lübeck, München, Nürnberg, Regensburg, Solingen, Stuttgart, Wetzlar.

Glossar

Absolute Helligkeit: die Helligkeit eines Sterns, wie sie aus der Einheitsentfernung von 10 Parsec (32,6 Lichtjahren) erscheint.

Albedo: das Reflexionsvermögen eines Planeten oder Mondes.

Alpha Centauri: der Hauptstern der südlichen Konstellation Centaurus. Ein Doppelsystem, dessen eine Komponente der Sonne sehr ähnlich ist. Der Begleiter hat etwa die gleiche Masse, ist aber viel kühler, mit einer Helligkeit von weniger als einem Drittel. Die Umlaufzeit um das gemeinsame Massezentrum beträgt 78 Jahre $9^1/_2$ Monate. Der Abstand der beiden Sterne schwankt zwischen $34^1/_2$ und $11^1/_2$ Astronomischen Einheiten.

Apex: der Ort im All, auf den sich die Sonne zur Zeit zubewegt. Rekt 6 h 16 m, Dek $+30°$.

Aphel: der Punkt des maximalen Sonnenabstands auf der Umlaufbahn eines Planeten.

Apogäum: der Punkt der maximalen Erdferne auf der Umlaufbahn des Mondes oder eines künstlichen Satelliten.

Äquinoktien: die Schnittpunkte der Ekliptik und des Himmelsäquators.

Asteroiden: Kleinplaneten, auch Planetoiden genannt. Eine riesige Anzahl ist bekannt. In nur einem Jahrzehnt unseres Jahrhunderts wurden an die 2500 entdeckt. Die mittleren Entfernungen vieler Asteroiden von der Sonne sind gleich dem Mittel der durchschnittlichen Entfernungen von Mars und Jupiter. Aus diesem Grunde wird oft von einem ,,Asteroidengürtel zwischen Mars und Jupiter" gesprochen. Diese Bezeichnung ist nicht korrekt, da die Umlaufbahnen der Asteroiden exzentrisch und stark geneigt sind.

Astronomische Einheit (AE): 149,6 Millionen km, die mittlere Entfernung Erde–Sonne. Wird verwendet als Entfernungseinheit innerhalb des Sonnensystems und als Grundlinie zur Messung von Sternabständen mit Hilfe der Parallaxe.

Astrophysik: die Erforschung von Aufbau und Zustand der Sterne, Nebel usw.

Bahnelemente: numerisch erfaßte Größen, die eine Umlaufbahn präzise beschreiben, so daß die Position eines Planeten für jeden Zeitpunkt – vergangen, gegenwärtig oder zukünftig – berechnet werden kann.

Cassegrain: ein Spiegelteleskop-Typ, in dem das Licht mit einem konvex gekrümmten Fangspiegel durch eine Mittelbohrung des konkaven Hauptspiegels gelenkt und in einem Brennpunkt vereinigt wird; lange Brennweite.

Cepheiden: veränderliche Sterne, deren Periode von ihrer Leuchtkraft abhängt.

Deklination: der Winkelabstand eines Sterns vom Himmelsäquator.

Drakonitischer Monat: die Zeitspanne, die der Mond braucht, um zweimal in derselben Richtung die Ekliptik zu überqueren.

Ekliptik: geneigter Großkreis am Himmel, der die Ebene der Erdbahn darstellt.

Ekliptikale Länge und Breite: die Koordinaten des ekliptikalen Systems, dessen „Äquator" von der Ekliptik gebildet wird.

Ekliptikales System: Koordinatensystem, das nicht auf dem Himmelsäquator, sondern auf der Ekliptik basiert. Die ekliptikale Länge wird vom Frühlingspunkt aus nach Osten gezählt, wie die Rektaszension. Die ekliptikale Breite wird in Graden nördlich und südlich der Ekleptik gemessen. Der Nordpol dieses Systems liegt $23^1/_2$ Grad vom Himmelsnordpol entfernt.

Elongation: der von der Erde aus gemessene Winkelabstand zwischen der Sonne und einem Planeten. Wird auch für die beobachtete Winkeldistanz eines Mondes von seinem Planeten verwendet.

Entweichgeschwindigkeit: die Geschwindigkeit, die ein Objekt erreichen muß, um der Anziehungskraft eines Himmelskörpers zu entfliehen.

Erdschein: das schwache, von der Erde reflektierte Licht, das den jeweils dunklen Teil des Mondes aufhellt.

Eros: ein Kleinplanet, mit dessen Hilfe das Maß der Astronomischen Einheit genau bestimmt wurde.

Eruptionen: auch Flares (engl.) genannt; gewaltige Energieausbrüche auf der Sonnenoberfläche.

Exzentrizität: der Bruchteil der großen Halbachse, um den der Brennpunkt einer Umlaufbahn gegen den Mittelpunkt versetzt ist.

Fackeln: besonders helle Gebiete auf der Sonnenoberfläche. Meist in der Umgebung von Sonnenflecken, überdauern diese häufig.

Finsternisse: ein Himmelskörper tritt in den Schatten eines anderen ein. Auf dem verfinsterten Körper zeigt sich diese Erscheinung als Bedeckung. Der Schattenkegel des Mondes ist so lang, daß die Sonne total verfinstert (bzw. vom Mond bedeckt) erscheinen kann – jedenfalls auf einer schmalen Zone der Erdoberfläche. In den anderen Regionen, die im Halbschattenkegel liegen, ist die Finsternis partiell.
Schon mit einem kleinen Fernrohr kann man die Verfinsterung von Jupitermonden beobachten: der betreffende Mond wird bei seinem Eintritt in den Planetenschatten plötzlich unsichtbar.

Flächensatz: zweites Keplersches Gesetz; die Verbindungslinie zwischen einem Planeten und der Sonne bestreicht in gleicher Zeit gleiche Flächen.

Flocculi: mit spektrographischen Instrumenten erkennbare Flecken auf der Sonnenoberfläche.

Frühlingspunkt: früher auch „Widderpunkt"; „Nullpunkt" der Himmelskugel (Rekt 0h, Dek 0°), an dem die Sonne im Frühlingsäquinoktium steht.

Galaxie: ein Sternsystem mit mehreren hundert Millionen bis zu mehreren hundert Milliarden Sternen.

Galaxis: unser Heimatsystem, das wir auch „Milchstraße" nennen.

Galaktische Koordinaten: werden

bei der Erforschung der Verteilung von Sternen und extragalaktischen Systemen verwendet. Die Ebene der Milchstraße bildet den Äquator. Galaktische Längen werden von einem der Schnittpunkte des galaktischen Äquators mit dem Himmelsäquator (17 h 42,4 m) aus gezählt; der galaktische Nordpol liegt bei Rekt 12 h 49 m, Dek +27° 24′.

Gegenschein: schwache Lichterscheinung, die manchmal am Nachthimmel auftaucht, in der Nähe des der Sonne gegenüberliegenden Punktes.

Gravitation: eine mit der Materie auftretende Kraft, die bewirkt, daß jedes Materieteilchen alle anderen Teilchen anzieht. Zwei Objekte ziehen einander gleichmäßig mit einer Kraft an, die direkt proportional dem Produkt der jeweiligen Massen ist und umgekehrt proportional dem Quadrat ihrer Entfernung voneinander.

Großer Roter Fleck: eine große elliptische Region auf der Südhalbkugel des Jupiter; ändert seine Farbintensität.

Großkreis: der Kreis auf einer Kugel, der eine Fläche begrenzt, die durch ihr Zentrum geht.

Himmelsäquator: die Projektion des irdischen Äquators auf den Himmel.

Himmelskugel: der sich scheinbar drehende Himmel.

Höhe: der Winkelabstand eines Sterns vom Horizont des Beobachters.

HR-Diagramm: (Hertzsprung – Russell); graphische Darstellung der Beziehung zwischen der absoluten Helligkeit einer Reihe von Sternen und ihrer Spektralklasse.

Hyaden: offener galaktischer Sternhaufen im Stier (Taurus), nahe Aldebaran (Alpha Tauri).

Interferometer: theoretisch wird das Auflösungsvermögen eines Teleskops bestimmt von dem Verhältnis seiner Öffnung zur Wellenlänge der Strahlung, die es empfängt. Weil Radiowellen erheblich länger als Lichtwellen sind, haben Radioteleskope naturgemäß ein schlechteres Auflösungsvermögen als optische Instrumente. Radioastronomen arbeiten deshalb zunehmend mit Interferenzmethoden, um eine bessere Auflösung zu erzielen und die exakte Position einer Radioquelle zu ermitteln.

Zwei voneinander entfernt aufgestellte Antennen empfangen Strahlung. Durch ihre Kopplung entstehen Interferenz-Erscheinungen, die genausoviel Information liefern, wie eine einzige Antenne, deren Durchmesser gleich der Entfernung der beiden getrennten Antennen ist. Man schaltet Antennen über Distanzen von mehr als 160 Kilometer zu Interferometern zusammen und arbeitet auch mit extrem langen Antennenanordnungen. Seit einiger Zeit nutzt die Interferometrie sogar die Rotation der Erde aus: die gesamte Empfangsanlage wird dadurch gedreht; das ermöglicht die genaue Untersuchung einer Radioquelle entlang aller Achsen. Die Radio-Fotografie auf Seite 73 zeigt die heutigen technischen Möglichkeiten.

Katadioptrisches Teleskop: vereinigt die Prinzipien von Reflektor und Refraktor; Verwendung meist als lichtstarke Kameraobjektive.

Komet: kleines Mitglied des Sonnensystems, mit geringer Dichte und meist sehr exzentrischer Umlaufbahn.

Konstellation: Sternbild.

Korona: äußerer Bereich der Sonnenatmosphäre; erscheint als schwacher, ausgedehnter Lichthalo, den man bei einer Finsternis sieht.

Kosmogonie: Lehre von der Entstehung und Entwicklung des Sonnensystems.

Kosmologie: Erfoschung des Weltganzen.

Kreisbahngeschwindigkeit: die Geschwindigkeit, die zu einer Aufrechterhaltung einer kreisförmigen Umlaufbahn um eine Planeten nötig ist.

Libration: die Libration macht sich als ein „Pendeln" des Mondes bemerkbar. Sie ist die Ursache dafür, daß mehr als die Hälfte der Mondoberfläche zu sehen ist. Die Libration in Breite bewirkt, daß abwechselnd Nord- und Südpol ins Blickfeld rücken. Das entspricht den Jahreszeiten auf der Erde. Die Libration entsteht, weil die Rotationsachse des Mondes nicht senkrecht auf seiner Erd-Umlaufbahn steht. Die Libration in Länge: der Mond scheint sich ein wenig zu drehen, abwechselnd nach Osten und nach Westen. Der Grund: seine Rotationsgeschwindigkeit bleibt gleich, seine Umlaufgeschwindigkeit aber ändert sich mit seinem wechselnden Abstand zur Erde.

Lichtjahr: die Entfernung, die das Licht in einem Jahr zurücklegt; Einheit für die Entfernungen zwischen den Sternen. Entspricht etwa 9,5 Billionen km = 63290 Astronomische Einheiten.

Lichtzeit: auch Aberrationszeit; die Zeitspanne, die von dem Zeitpunkt der Beobachtung eines Ereignisses abgezogen werden muß, um den tatsächlichen Zeitpunkt des Ereignisses zu ermitteln. Für eine Astronomische Einheit werden 498,58 sec subtrahiert.

M: Abkürzung für „Messier"-Katalog der Sternhaufen und Galaxien.

Masse-Leuchtkraft-Beziehung: das Verhältnis der Leuchtkraft eines Sterns zu seiner Masse.

Meridian: Mittagslinie; gedachte Linie am Himmel, die vom Nordpunkt am Horizont über den Zenit bis zum Südpunkt reicht.

Meteore: Kleinstkörper aus dem Weltraum, als „Sternschnuppen" bekannt. Auf der Erde gefundene Bruchstücke heißen Meteoriten.

Nebel: wolkenförmiges Objekt aus Gas, auch Staub, hell oder dunkel; im interstellaren Weltraum.

Newton-Teleskop: die einfachste Form des Reflektors, mit einem parabolischen Hauptspiegel und einem kleinen flachen Umlenkspiegel, der 45 Grad gegen den reflektierten Strahl geneigt ist. Dadurch vereinigen sich die Strahlen in einem Punkt außerhalb des Teleskoprohrs, wo sie durch das Okular betrachtet werden. In sehr kleinen Geräten kann man anstatt des Umlenkspiegels ein Prisma einsetzen.

NGC: Abkürzung für „New General Catalogue of Nebulae"; ein Katalog

Freizeit-Taschenbücher

(Auswahl)

Kunsthandwerk und Hobby

Band 2 Erlewein: Musikinstrumente zum Selberbauen
Band 3 Wicks: Schmuck
Band 4 Cooper: Töpfern
Band 13 Diem: Liebenswerte alte Dinge reinigen, reparieren
Band 14 Eggen: Schnitzen
Band 20 Harper: Emaillieren
Band 22 Carey: Kerzengießen
Band 46 Eisner/Weiss: Basteln mit Zeitungspapier
Band 47 Lagerwall: Silber schmieden
Band 53 Glassman: Arbeiten mit Perlen
Band 52 Wirtl: Hinterglasmalerei
Band 69 Paulson: Zeichnen
Band 70 Schachner: Drucken
Band 71 Johnston: Malen
Band 72 Wiberg: Modellieren

Handarbeiten

Band 5 Schneider: Färben mit Naturfarben
Band 6 Schäpper: Muster und Techniken für Patchwork
Band 7 100 Stickstiche
Band 8 Schmid-Burleson: Alles über Makramee
Band 16 Wandel: Schöne alte Stick-Ornamente
Band 21 Znamierowski: Teppiche selbermachen
Band 31 Wildman: Häkeln, Maschen, Muster und Modelle
Band 32 Jones: Sticken
Band 33 Svinicki: Spinnen und Färben
Band 34 Walker-Phillips: Stricken
Band 80 Schmid-Burleson: Das Hängemattenbuch

Selbst versorgen

Band 48 Schäfer: Brot backen
Band 49 Laing/Hendra: Bier brauen
Band 50 Glynn: Käse machen
Band 51 Wicks: Wein keltern
Band 66 Leeming/Huang Man-hui:
Chinesisch kochen kann jeder
Band 67 Leeming: Tafeln und speisen wie die Franzosen
Band 68 Barker: So kochen und genießen die Italiener

Otto Maier Verlag Ravensburg

Ravensburger